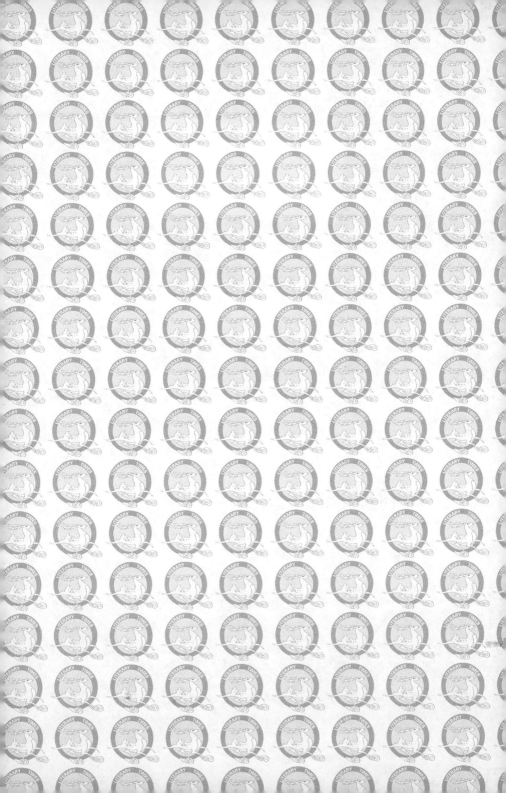

探討臺灣上市公司
員工股票分紅制度

林綠儀 著

蘭臺出版社

在知識經濟時代，研究創新是企業永續經營之活水。優秀的員工則是活水的泉源，因此如何吸引人才、留住人才是企業重要之課題。對高科技產業更是舉足輕重、攸關存亡。台灣許多上市資訊電子公司藉由發放員工股票紅利來激勵員工，而員工股票分紅制度更被認定為提升台灣電子產業競爭力的大功臣。

本書作者以深入淺出的方式說明台灣員工股票分紅制度目前施行的概況，分析員工股票分紅制度的利弊得失，並從公司治理、經營風險、財務結構、組織規模、成長機會、產業特性與總體經濟等因素來分析企業執行員工股票分紅制度可能性的大小及分紅比例的高低。讓讀者了解到企業在擬定員工股票分紅政策時可能考量的因素，可做為日後企業在規劃組織架構、制定員工激勵政策及相關決策的參考依據。

實行員工股票分紅制度最主要的目的是要使員工與股東同舟共濟，進而降低代理成本。一般對員工股票分紅制度的探討都集中在員工股票分紅比例對企業生產力和報酬率的影響，本文作者不但從代理成本的角度來檢驗實行員工股票分紅制度是否會降低代理成本，並且直接以代理成本來衡量員工股票分紅制度的激勵效果為本書的一大特色。

本書作者思緒敏銳，對員工股票分紅制度有深入的研究。《探討臺灣上市公司員工股票分紅制度》是一本值得閱讀的書籍，相信讀完此書後，必會有許多收穫。

上海財經大學教授　王松年

廉價的人力資源是早期外商投資中國大陸的主要原因，隨著中國大陸經濟的起飛及勞動基準法的施行，人力成本越來越高。相對使得員工管理變得更為重要，員工股票分紅制度是台灣特有的員工激勵政策，中國大陸並沒有員工股票分紅制度。員工股票分紅制度對台灣電子產業的發展有相當程度之貢獻是眾所週知的，目前大陸的經濟正在蓬勃發展，許多的制度與機制也逐漸的發展建立，台灣員工股票分紅制度有許多值得中國大陸參考借鏡的地方。

從《探討臺灣上市公司員工股票分紅制度》這本書可以幫助讀者了解台灣員工股票分紅制度之現況、相關的法律規章、會計處理方法、實行員工股票紅利政策之決定因素、影響員工股票分紅比例之原因、員工股票分紅比例與代理成本之關係及員工股票分紅制度的激勵效果，本書完整的探討台灣員工股票分紅制度，讓讀者讀完這本書後對於台灣員工股票分紅制度有更深入的了解。

除了台灣員工股票分紅制度外，本書作者有系統的將台灣和外國的員工激勵政策做詳細的介紹，並從代理成本之角度來探討施行員工股票分紅制度所負擔之成本與激勵效果。這是一本企業在擬定員工激勵政策時值得參考的著作，而對於想進一步了解台灣員工股票分紅制度的人士，將受益非淺。

袁樹民

上海金融學院會計學院院長

企業經營成功之道不外在三個環節互補互助，即「人物」、「產物」、「財務」。除了應具有成長有序的產品和體質健全的財務因素外，更重要的是能夠擁有優秀的經營管理團隊與員工。臺灣採用員工股票分紅制度來吸引優秀員工，員工股票分紅制度被視為臺灣電子產業吸引人才、孕育發展高科技產業並使臺灣電子產業躍居世界重要地位的主要因素。員工股票分紅制度也成為臺灣電子企業津津樂道的員工激勵政策。

員工股票分紅對臺灣電子產業之發展雖然有卓越之貢獻，但其會計處理之不適當而導致虛增臺灣企業之每股盈餘，甚而引起外資法人對臺灣企業財報公正性之質疑與撻伐。雖然現在臺灣已與國際會計處理方式接軌，將員工股票分紅認列為費用，但發放給員工過多的股票紅利，不但影響股東的權益同時也掀起了員工集體跳槽之歪風。此外，員工股票分紅造就許多科技新貴，這些科技新貴在壯年時已累積大筆財富，有些選擇在身強體壯時退休，有些則隨企業股票紅利發放之多寡決定去留。員工股票分紅制度所造成人力資源的浪費與企業為實施此一制度所付出之代價是值得探討的問題。而何種因素決定企業是否發放員工股票紅利、影響員工股票分紅比例高低之原因及其激勵效果更是令人省思之議題。

《探討臺灣上市公司員工股票分紅制度》這本書內容豐富，可以讓我們快速的掌握員工股票分紅政策之重點並對員工股票分紅政策所衍生出的問題和其影響因素有基本的認識。因此凡對員工激勵政策有興趣之士或企業，這是一本值得閱讀參考的書，特此推薦，以祈共享。

上海財經大學MBA學院客座教授　張漢傑

自　序

臺灣許多上市電子公司藉由發放員工股票紅利來激勵員工，而員工股票分紅制度更被認定為提升臺灣電子產業競爭力，並使臺灣電子業躍居世界電子產業重要地位的主要因素之一。相信許多對員工股票紅利激勵政策感興趣之士或企業可能會想要知道何種因素影響企業實行員工股票分紅政策，因此本書所要探討的第一個議題為何種因素會鼓勵臺灣上市公司實行員工股票分紅制度和影響企業實行員工股票分紅政策之決定因素如何影響員工股票分紅比例。本書將1998年至2007年間沒有實施員工股票分紅206家上市公司及實施員工股票分紅399家上市公司加以比較，發現影響公司實施員工股票紅利政策之主要因素包括經理人持股比例、獨立董事席次佔全體董事席次之比例、營運風險、財務槓桿、公司規模大小、成長機會、行業特性及總體經濟因素。此外，當公司擁有較低的營運風險、較低的資產和較低的薪資水準、較高的成長機會、較高的研究發展支出密度和較高的利率時，不論員工股票分紅比例是以股票面值計算或者是以股票市價計算，企業願意將較高稅後可分配盈餘以股票的方式分配給員工。

臺灣員工股票紅利係屬盈餘分配，臺灣企業之盈餘分配是由董事會擬定，再提交股東大會決議通過執行。因此董事會在決定盈餘分配時，必須先決定以稅後可分配盈餘分配給員工股票紅利的最佳比例，以期能滿足員工的期望，並為企業創造最大的財富。如果員工股票分紅比例太低，可能會降低員工股票分紅之激勵效果。然而發放過多的員工股票紅利，可能會增加代理成本。因此員工股票分紅比例決策可以反映出企業如何看待他們的代理問題和所想要的激勵效果。本書所要探討的第二個議題為員工股票分紅比例與代理成本之關係。本書研究發現如果將實行員工股票紅利政策之企業與未實行員工股票紅利政策之公司相比較，發放員工股票紅利之企業其員工與股東之間具有顯著較低的代理成本(即較高的資產週轉率、較低的銷管費用率和較低的稀釋盈餘)，並且以市價計算之員工股票分紅比例與代理成本間呈現非綫性關係。

員工股票分紅雖然為企業帶來許多好處，但在1990年代末期及2000年代初期過度浮濫使用員工股票分紅制度引發了許多爭議。一些相關研究發現在2004年以前臺灣許多企業發放之員工股票紅利市值竟超過當年度稅後盈餘的百分之五十，嚴重侵蝕股東分配稅後盈餘的權利。另一方面，員工股票分紅增加公司流通在外的股數稀釋了股東權益，嚴重的侵蝕股東中長期的利益。這樣的一種員工激勵機制其激勵效果是值得予以探討。因此本書所要探討的第三個議題為從代理成本之角度來探討員工股票分紅之激勵效果，在不考慮行業特性的前提下，若以稀釋盈餘做為員工股票分紅代理成本之代理變數，本書研究結果指出員工股票分紅對當期與下期的股票報酬率皆呈現顯著的負面效果。如將行業因素列入考慮、發現執行員工股票分紅的電子業企業在當期與下期皆有較高的股票報酬率。本書研究結果顯示員工股票紅利政策確實提升臺灣電子產業員工之績效和企業價值。

　　本書研究之內容係取自筆者上海財經大學會計博士論文之資料編撰而成，付梓之前內心仍深感惶恐，惟疏漏之處在所難免，尚請各位賢達不吝惠賜卓見，使本書能更加盡善盡美。

　　本書得以完成，首先必須感謝求學過程中許多師長辛勤之教導以及上海財經大學校友會會長、學長、學姐和同班同學的照顧與支持，還有靜宜大學校長、長官和同仁的提攜與幫助和許多幫助過我的朋友。最後必須感謝我的母親對我細心的呵護及先父對我的栽培，僅以本書表達我內心無盡的孝思與懷念。

目 錄

◎ 表 目 錄

◎ 圖 目 錄

第一章　緒　論

第一節　員工股票分紅制度之背景與現況

員工股票分紅為臺灣上市公司獎勵員工最常採行之激勵性獎酬政策(incentive compensation policy)。尤其在電子高科技產業更被廣泛的使用，以緩和股東與員工間的利益衝突、提高經營績效並為企業創造最大的價值。此外，企業也可借助員工股票分紅制度吸引優秀人才並降低員工流動率。員工股票分紅制度更被認定為提升臺灣電子產業競爭力，並使臺灣電子產業躍居世界電子產業重要地位的主要因素之一。然而臺灣的員工股票分紅制度不同於美國的員工持股計劃(employee stock ownership plans) 與獎酬性的認股權計劃(compensatory stock option plans)。臺灣的員工股票分紅制度屬於一種利潤分享(profit sharing) 的激勵性獎酬計劃，員工不需支付任何的價

款，即可取得公司股票並擁有股權成為公司股東。因此臺灣的
員工股票分紅係屬盈餘分配，在2008年以前，臺灣會計上亦將
員工股票分紅做為盈餘分配，不同於美國或其它國家將員工股
票認股權認列為酬勞費用，其主要的法源依據為公司法第235
條第2項及第240條第4項之規定。公司法第235條第2項規定：
「公司應於公司章程訂明員工分配紅利之成數。但經目的事業
中央主管機關項目核定者，不在此限。」公司法第240條第4項
規定：「公司決議以紅利轉作資本時，依公司章程員工應分配
之紅利，得發給新股或以現金支付」。因此員工紅利可以以現
金或股票支付。員工股票分紅既屬盈餘分配，表示公司沒有盈
餘時不得發放股票紅利於員工(但法定盈餘公積超過實收資本
百分之五十的部分不在此限)，且分紅前應就本期淨利或本期
淨利彌補以前年度虧損後之金額提撥百分之十的法定盈餘公
積，剩餘的部分應依公司章程之規定並經股東大會決議分配之
【1】，公司法第235條第4項對可享有股票紅利之員工定義為 ”
符合一定條件之從屬公司員工”。因此公司有權發放股票紅利
於公司本身及相關企業之員工。

【1】金管會證期局於2004年11月規定上市公司所發放之員工紅利市值不得超過
　　當年度稅後盈餘的半數。2005年3月修正法令，規定上市公司所發放之員工
　　紅利以現金支付及配發新股以市價計算之合計數不得超過當年度稅後盈餘
　　的半數，且不可高於可分配盈餘(即本期純益減以前年度虧損、法定盈餘公
　　積與特別盈餘公積後之餘額)的50%。

員工股票分紅是臺灣特有的員工獎勵制度，每一個制度的形成與發展都有其時代背景，員工股票分紅是大同股份有限公司(電器業)於1946年在臺灣首創以股票分紅的方式來鼓勵員工達成預定目標的一種獎勵制度。然而在大多數企業為家族型企業的大環境下，家族型企業為保有對企業的控制權，都不願實施員工股票分紅制度。因此員工股票分紅制度在當時並未被廣泛接受，直至1970年代末期才開始漸漸被採行。從1970年代末期至1980年代初期，臺灣經濟漸由傳統產業轉型為高科技產業。此項轉變造就了許多大型公開發行公司，這些公司的管理當局迅速掌握了發放員工股票紅利的權利以吸引更多技術人才，這也是聯華電子股份有限公司於1984年首度以臺灣當地企業發放股票紅利來獎勵員工的主要動機。從此臺灣許多企業跟進，員工股票分紅制度成為目前臺灣企業最重要的員工獎勵策略。

　　員工股票分紅有許多優點如較少的現金支出、較低的交易成本、較好的財務彈性、並可招募優良的人力資源、降低員工流動率、增進工作職場合作、降低監督成本、減少股東與員工間之利益衝突、增加生產力、提高經營績效。在2008年以前員工股票分紅最大的利益為員工取得股票紅利時係以股票面值課稅而不是以股票市價課稅。收到股票紅利除了可享受租稅優惠外，員工已成為公司股東，如此將可紓緩股東和員工之間的衝突，並為公司創造最大的價值。員工股票分紅雖然為企業帶來許多好處，但員工分紅當作盈餘分配而不做為費用之會計處理方式，引發外資法人對臺灣企業財務報表產生許多質疑。員工股票分紅以股票面值課稅有違租稅公平及社會正義更引起社會大眾的撻伐。在1990年代末期及2000年代初期過度浮濫使用員工股票分紅制度也引發了員工及股東財富分配的許多討論。一些相關研究發現2004年以前臺灣許多企業發放之員工股票紅利市值竟超過當年度稅後盈餘的百分之五十，嚴重侵蝕股東分配稅後盈餘的權利，而且有些經營者甚至假員工股票分紅之名，行掠奪公司資產之實。另一方面，員工股票分紅增加公司流通在外的股數稀釋了股東權益，嚴重的侵蝕股東中長期的利益。有些研究認為員工紅利依據稅後盈餘的比例分配，而不是依照員工真正創造的產出分配是不公平的，這樣的一種機制更創造經理人操縱損益的誘因。許多對員工股票分紅制度提出異議的人士，甚至質疑員工股票分紅增進公司價值的效果。然而員工股票分紅最讓人遺憾的是許多高階經理人在高價時紛紛出脫公司持股，並在企業獲利由盛轉衰、配股縮水時被挖角離職，甚至整個經營團隊集體跳槽。這對公司的傷害是不可言喻的，更戳破了員工股票分紅能使員工與股東同舟共濟的論調與夢想。

第二節 研究動機與目的

臺灣許多上市公司藉由發放員工股票紅利來獎勵員工，而員工股票分紅制度更被認定為提升臺灣電子產業競爭力並使臺灣電子業躍居世界電子產業重要地位的主要因素。因此本書想要瞭解何種因素會鼓勵臺灣上市公司實行員工股票分紅制度和影響企業員工股票分紅的決定因素如何影響員工股票分紅比例。此外，臺灣員工股票分紅係屬盈餘分配，臺灣企業之盈餘分配是由董事會擬定，再提交股東大會決議通過執行。如果員工股票分紅比例太低，可能會降低員工股票分紅之激勵效果。然而發放過多的員工股票紅利，不但犧牲了股東可分享的稅後可分配盈餘並且導致每股盈餘下降(即為剩餘損失) 及監督成本與約束成本的增加。因此，從員工股票分紅比例決策可以反映出企業如何看待他們的代理問題和所想要的激勵效果。因此本書想要探討員工股票分紅比例如何影響代理成本。

員工股票分紅在1990年代末期及2000年代初期過度浮濫使用引發了許多爭議。一些相關研究發現在2004年以前臺灣許多企業發放之員工股票紅利市值竟超過當年度稅後盈餘的百分之五十，嚴重侵蝕股東分配稅後盈餘的權利。另一方面，員工股票分紅增加公司流通在外的股數稀釋了股東權益，嚴重的侵蝕股東中長期的利益。這樣的一種員工激勵機制其激勵效果是值得於以探討。陳俊合(2005) 檢驗員工紅利與後續公司經營績效，發現可能因不佳的公司治理導致過度發放員工股票紅利，結果使得員工股票分紅的稀釋效果大於激勵效果。一些西方的研究學者及會計實務界人士都認為過度發放員工股票紅利是一個典型的代理問題，應從代理成本的觀點去探討員工股票分紅制度。因此本書想從代理成本的角度來探討員工股票分紅之激勵效果，並分別從整體產業與個別產業的角度研究員工股票分紅之代理成本對當期與下期股票報酬率之影響。

綜上所述，本書主要探討下列問題：

1. 何種因素會鼓勵上市公司實行員工股票分紅制度？

2. 影響公司實行員工股票分紅制度的因素是否會影響稅後可分配盈餘發放為員工股票紅利之比例(以下簡稱員工股票分紅比例)？

3. 若用代理成本來衡量員工股票分紅制度之效果，員工股票分紅制度之效果為何？

4. 員工股票分紅比例與代理成本間存在何種關係？

5. 員工股票分紅是否達到預定的激勵效果？

第三節　研究範圍與方法

　　本書從臺灣經濟新報(以下簡稱TEJ)數據庫中搜集1998年至2007年企業發放員工股票紅利之相關資訊，界定實施員工股票分紅之企業為測試組，未實施員工股票紅利政策之企業為控制組。採用邏輯式分析(logistic regression)檢驗鼓勵上市公司實行員工股票分紅制度的因素包括公司治理、營運風險、財務槓桿、公司規模、成長機會、行業特性及總體經濟因素。此外，本書亦採用多元迴歸分析檢驗鼓勵上市公司實行員工股票分紅制度的因素如何影響員工股票分紅比例，並研究分析員工股票分紅比例與代理成本之關係，最後以代理成本的角度來檢驗分析整體產業與個別產業員工股票紅利的激勵效果。

　　員工股票分紅所產生之代理成本之代理變數，除了採用資產週轉率及銷管費用率(行銷與管理費用佔銷貨收入淨額之比例)來衡量外，執行員工股票分紅產生的稀釋盈餘亦作為執行員工股票分紅代理成本之代理變數。

第四節　研究成果

　　以前的研究發現較低的獨立董事佔全體董事之比例比較喜歡將股票做為紅利發放給員工，且後續這些實施股票紅利之企業會因員工與股東間日益加深的衝突而經歷企業價值減少之結果。很矛盾的是本書發現這些較高獨立董事佔全體董事之比例的企業比較喜歡發放股票紅利給員工。此一結果可能因大部分發放股票紅利給員工之臺灣企業(如電子業)都屬外銷導向、專業經理人經營且非家族型企業。這些企業通常需要更多具有專業知識及熟悉行業特性的人士來擔任獨立董事，以便有效的監督董事會之決策。這些公司通常擁有較少的資產但却投入大筆資金從事研究發展，並且審慎的做債務與現金流量管理。這些企業所具備的特質也鼓勵公司股東願意與經理人和員工以股票分紅的方式分享盈餘，以期使企業價值最大，並留住最寶貴的人力資源。

　　本書的第二個貢獻為本書在探討影響員工股票分紅政策時將總體經濟因素如利率、下期美國實質國民生產毛額成長率列入考慮之範疇，發現在利率較低、下期美國實質國民生產毛額成長率較低時，公司實施員工股票紅利政策之機率較高。但無論員工股票紅利是以面值或市價衡量，員工股票分紅比例却隨著利率增加而顯著遞增，隨著利率降低而減少。以面值衡量之股票分紅比例亦隨著下期美國實質國民生產毛額成長率之增減而增減。本書的第三個貢獻為從激勵及代理兩個不同的角度去檢驗員工股票紅利政策的經濟結果，不像以往的研究只著重探討激勵效果。本書的第四個貢獻為以前的研究都以員工分紅比例來探討員工分紅的激勵效果，本書以代理成本的角度來檢驗分析員工股票紅利之激勵效果。

第二章
員工股票分紅
入股制度與會計處理

優秀的員工是企業永續經營的泉源，「留天下英才而用之」是每個企業的願望，隨著全球經濟整合，人才亦在全球市場競爭流動。當企業無法提供良好的工作環境與報酬時，優秀的人才將會挂冠求去。但菁英人才難尋，因此如何制定具激勵作用又可留住人才的員工獎酬制度成為企業的重要議題。員工獎酬可以以固定給付的方式如現金薪資或變動性之獎酬如獎金、福利、員工紅利、員工認股權、股票增值權、績效股或限制型股票等。獎酬政策的制定必須與企業目標和價值一致，如此方能使員工瞭解企業營運之重點與方向以激勵員工達成既定目標。然而，在知識經濟時代下，人們可因擁有知識而創造財富並享有財富。傳統的薪資給付方式已經不能滿足專業人才的需求，更難維持這些專業人才的忠誠度。而員工股票分紅入股制度可讓員工有機會享受到自己所創造的價值與財富，承擔公司經營成果並凝聚員工之向心力。為了使員工與公司休戚與共、共同追求企業最大的利益，員工股票分紅入股制度成為當今企業盛行之員工獎勵制度。

第一節　臺灣員工股票分紅入股制度

一、員工股票分紅(Employee Stock Bonus)

員工分紅制度是由Edme Jean Le Claire於1842年首創於法國巴黎。Edme在其所開設之油漆裝潢公司以技術性勞工和資深勞工做為分紅對象，以促進勞資關係和諧並提升生產力，故後人稱Edme為「現代分紅制度之父」。1916年法國立法機構制定法律，規定股份有限公司應給員工公司股權並使員工享有股東權益。開創了員工入股制度之先驅。而1945年臺灣的「勞工政策綱領」中之第十三條「獎勵工人入股，並倡導勞工分紅制」開創了員工分紅入股的新思維。1946年大同股份有限公司實施了「工者有其股」政策，鼓勵員工認購公司股票，或以贈股方式使員工成為公司股東，而成為臺灣第一家實施員工股票分紅政策之企業。員工股票分紅是臺灣特有的員工獎勵制度，臺灣員工股票分紅制度乃是將員工分紅制度與員工入股制度相結合的一種利潤分享制度。員工股票分紅制度是一種企業將其

稅後盈餘，依照一定的成數以股票做為紅利分配給員工，使
員工不須支付任何代價即可獲得股權，以達利潤共享並使員工
與企業利益一致的制度。此一制度有助於企業生產營運效率的
提升與勞資關係的和諧。員工股票分紅計劃為目前臺灣產業界
為獎酬員工最普遍採行的方式之一。過去員工股票分紅對臺灣
產業尤其是電子業績效之提升有卓越之貢獻，但近年來因員
工股票分紅的濫用，使企業股本膨脹造成股權稀釋損害股東權
益，給付基礎又無法與員工績效連結，並且常淪為挖角員工之
工具，已與發放員工股票紅利留才之目的背道而馳。此外，從
2008年開始員工股票分紅在會計上做為費用處理而不再是盈餘
分配，但不論其會計處理方式為費用或盈餘分配，員工股票分
紅都會減少股東財富，且惟有期初保留盈餘為貸方金額之企業
方能盈餘轉增資，將增資發行之股票贈與員工作為員工紅利，
因此員工股票分紅並非所有企業皆可實行之員工激勵政策。

二、員工認股權(Employee Stock Option)

　　在員工股票分紅政策備受外界批評之際，企業界希望政
府能開放更多獎勵員工的激勵機制，2000年7月臺灣正式引進
員工認股權制度，員工認股權(即員工股票選擇權)是企業給於
員工一種未來可以行使的權利。通常由公司與員工訂立股票認
股契約，約定員工得以特定價格、特定股數，在特定持有期間
內購買公司股票，在此特定持有期間，如果股票市價高於約定
價格，則員工則可執行此項購買公司股票之權利，而公司將會

在增資發行新股時提撥一定數額的股份由員工認購或是從公開
市場中買回自己的股票(庫藏股) 由員工認購。反之，若股票市
價低於約定價格，員工則可放棄購買公司股票之權利。2001年
2月世界先進積體電路股份有限公司成為臺灣第一家實施員工
認股權憑證之企業。茲就臺灣法令對員工認股權、庫藏股和增
資發行新股之相關規定及其優缺點分述如下：

（一）員工認股權

　　依臺灣公司法第167條第2項規定股份有限公司得經董事
會以董事三分之二以上出席及出席董事過半數同意之決議與員
工簽訂認股權契約，訂約後由公司發給員工認股權憑證。員工
取得之認股權憑證，不得轉讓。但因繼承者，不在此限。另依
發行人募集與發行有價證券處理準則(以下簡稱募發準則) 第51
條之規定，發行人申報發行員工認股權憑證，其每次發行得認
購股份數額，不得超過已發行股份總數之百分之十，且加計前
各次員工認股權憑證流通在外餘額，不得超過已發行股份總數
之百分之十五。發行人發行員工認股權憑證，給與單一認股權
人之認股權數量，不得超過每次發行員工認股權憑證總數之百
分之十，且單一認股權人每一會計年度得認購股數不得超過年
度結束日已發行股份總數之百分之一。又依募發準則53條之規
定，上市或上櫃公司申報發行員工認股權憑證，其認股價格不
得低於發行日標的股票之收盤價。興櫃股票、未上市或未在證
券商營業處所買賣之公司發行員工認股權憑證，其認股價格不

得低於發行日最近期經會計師查核簽證之財務報告每股淨值。
若認股價格低於市價或每股淨值，則依募發準則第56條之1規
定應有代表已發行股份總數過半數股東之出席，出席股東表決
權三分之二以上同意行之。員工認股權憑證得認購股數總數，
不得超過已發行股份總數旳百分之五。員工認股權憑證若給與
單一認股權人認購，其認購之股數不得超過申報發行總數之百
分之十，且單一認股權人每一會計年度得認購之股數不得超過
年度結束日已發行股份總數之千分之三。

　　企業發行的員工認股權憑證於屆滿二年後員工方可請求
履約，但員工認股權憑證存續期間不得超過十年。當員工行使
員工認股權時，依法應將執行權利日公司股票之時價超過認股
價格差額的部分列入其它所得，課征個人綜合所得稅。員工除
須繳納稅款之外，尚需籌措認股之資金對員工而言財務壓力較
大。如果認股權在有效期間內，認購股票之價格一直低於履約
價格，認股權就會變得一文不名，更談不上激勵效果。但從企
業的角度來看，企業在此獎酬股制度下不僅可得到新資金之挹
注強化財務結構，且可透過認股條件旳設計，使認股基礎與員
工績效相連結，達到企業留才與激勵雙重之目的。此外，與員
工所簽訂之員工認股權契約在認股的價格上較有彈性不須與其
它投資人一致，且可以控制員工行使之期限。而不需另外規定
所認股票轉讓之限制。若員工認股權憑證係以增資發行新股之
股票供員工認購，可能會產生股權稀釋等問題。

（二）員工庫藏股

　　臺灣證券交易法第28-2條規定上市、上櫃公司得經董事會三分之二以上董事之出席及出席董事超過二分之一同意從市場買回其股份轉讓於員工。公司買回之股數不得超過該公司已發行股份總數的百分之十；買回股份之總金額不得超過保留盈餘加發行股份溢價及已實現資本公積之金額。且應於買回之日起三年內將其轉讓；逾期未轉讓者，應註銷並辦理變更登記。庫藏股轉讓於員工之價格不得低於買回平均價，但「上市上櫃公司買回本公司股份辦法」第10條之1放寬庫藏股轉讓於員工之價格限制，轉讓價格得低於買回平均價，但需經最近一次股東會已發行股份總數過半數股東之出席，出席股東表決權三分之二以上之同意。歷次股東會通過已轉讓於員工之股數總數，不得超過公司已發行股份總數旳百分之五。若單一員工認購，其認購之累計股數不得超過申報發行股份總數之千分之五。

　　買回庫藏股票供員工認購之最大優點為可以避免增資發行新股可能產生股本膨脹和股權稀釋的問題。相對於增資發行新股由員工認購，庫藏股票搭配員工認股權之操作在時間、手續及程序上都較有彈性且更簡便。但買回庫藏股票却必須動用公司之資金，若公司沒有充裕之資金則無法買回庫藏股票供員工認購。此外，臺灣證券交易法規定買回股份之總金額不得超過保留盈餘加發行股份溢價及已實現資本公積之金額，此項規定對於設立時間不長的公司而言，可以運用庫藏股票以激勵員工之機率相對較低。

（三）員工新股認購權
（Employee New Stock Purchase Right）

　　依臺灣公司法第267條第1項規定，公司發行新股時，應保留發行新股總數10%至15%的股份由員工認購。通常員工認購價格低於市價，但礙於增資發行新股受到諸多法令的限制，故員工想經由員工新股認購權而獲利的機率相對較低。而且因其繳款期間短，員工決定認購股票的時間較缺乏彈性，以致造成日後員工依照股價走勢判斷放空股票或持股續抱待股價上漲再拋售持股。為避免員工拿到股票拋售或放空股票，公司法第267條第7項規定，公司得限制員工認購之新股在一定期間內不得轉讓。但其期間最長不得超過二年。

第二節 國外員工股票分紅入股制度

一、美國員工認股權

美國之員工認股權憑證依是否符合稅法之規定分 「符合條件員工認股權」與「未符合條件員工認股權」。茲說明如下：

(一)符合條件員工認股權(Qualified Stock Option)

依美國內地稅務法(Internal Revenue Code,IRC) 第421~424條之規定發行之員工認股權即屬符合條件員工認股權。員工取得此種員工認股權證時，可享有取得及行使認股權證無需繳納稅賦之租稅優惠，伺實際出售股票才以「資本利得」申報收入。美國內地稅務法第421~424 條規定之符合條件員工認股權包括「獎勵性員工認股權」及「員工購股計劃」。茲分述如下：

1. 獎勵性員工認股權 (Incentive Stock Option)

內地稅務法第421條一般性旳規範規定獎勵性員工認股權只有公司員工才能參與此計劃，公司員工包括本身服務的公司或服務公司之母公司或子公司之員工，且認股權只可認購本身服務的公司或服務公司之母公司或子公司的股票為限。員工在行使認股權前三月內，必須維持員工身份。且不得於取得認股權證後二年內，亦不得在行使認股權取得股票後一年內出售認購之股票。獎勵性員工認股權尚需符合以下之規定方可享有租稅優惠：

(1)獎勵性員工認股權計劃必須經股東會同意且需明定認股權可發行股票總數和可取得認股權之員工名單。

(2)獎勵性員工認股權計劃必須經股東會同意或實施後(以較早者為準)十年內授與員工。

(3)授與之認股權必須在授與日後十年內行使。

(4)認股權行使價格不得低於取得認股權當日股票之公平市價。

(5)獎勵性員工認股權不得轉讓(繼承除外) 。

(6)員工取得獎勵性員工認股權時，不得持有超過自己服務的公司或其母公司或子公司所有具投票權股權的10％。

(7)每一年行使認股權所取得股票之公平市價不得超過美金100,000元。

2. 員工購股計劃 (Employee Stock Purchase Plans)

在員工購股計劃中，員工若欲享有租稅優惠待遇，必須符合美國內地稅務法第423條之規定，美國內地稅務法第423條一般性旳規範與421條相同，茲就423條其它規定之要件，說明如下：

    (1) 購股權計劃在實施前後12個月內必須經股東會同意。

    (2) 凡員工持有服務的公司或其母公司及其它子公司合計超過5%以上股權者，不得享受購股權。

    (3) 公司之全職員工只要服務滿二年以上、每周工作時數超過20小時且每年工作超過5個月者，均有權參加購股。

    (4) 購股價格不得低於取得購股權當日股票公平市價之85%，或行使購股權當日股票公平市價之85%。

    (5) 必須在五年內行使購股權。

    (6) 每年行使購股權所取得股票之公平市價不得超過美金25,000元。

    (7) 購股權不得轉讓(繼承除外)

(二)未符合條件員工認股權(Non-qualified Stock Option)

凡未依美國稅法第421~424 條規定發行之員工認股權即屬未符合條件員工認股權。若此認股權有明確的公平市價，則應於員工取得該認股權時，將認股權之公平市價做為員工之薪資所得課稅。若此認股權沒有公平市價，則應於員工執行該認股權時課稅。

二、　員工持股計劃(Employee Stock Ownership Plan,ESOP)

　　歐美各國普遍實施的員工持股計劃是一種可以享受租稅優惠，並結合員工福利與退休計畫的員工獎酬制度。此一計劃由政府提供租稅誘因，鼓勵公司於實施員工入股計劃時成立一信託基金，每年由企業提撥現金或股票至該基金。此基金委由專業金融機構管理，負責股票管理、股票分配、投票權代理行使及貸款等業務。基金之資金主要用於投資公司本身股票。而後再依公司員工持股計劃所訂定之標準，將這些股票分配至每一參加持股計劃的員工帳戶，使員工無需支付任何價款即可擁有企業股權。當員工達到公司規定之條件時，即可擁有個人帳戶內之股票。但員工獲配之股票並非立即分配於員工，而是等員工離職或退休時，員工才能領取帳戶內之股票。公司對員工獲配之股票具有優先承購權。員工持股計劃不但使員工與公司利益一致，並使員工報酬與公司經營績效相連結，達到激勵員工、提升員工向心力之目的，並可降低員工的離職率。但員工持股計劃的資金是由企業提撥，故資金壓力較大，管理成本也較高。

三、股票增值權(Stock Appreciation Right，SAR)

股票增值權是一種股權激勵方式，員工因符合股票增值權計劃訂定之標準而享有因公司股票價格上升而取得一定數量收益的權利。此種收益可以現金、股票或同時以現金和股票混合支付，股票增值權收益等於行使股票增值權時的股價減去增值權授與時之股票價格。公司授與員工股票增值權通常分期進行，享有股票增值權之員工並不需擁有公司股票，亦不享有表決權與分紅權利。此一獎酬制度之主要優點為員工不需支付任何現金即可擁有公司股票、給付基礎與員工績效連結、彈性大和公司可視本身財務狀況設計符合公司未來發展之獎酬制度。但如何規範股票增值權之條件也是企業最大的挑戰。

四、虛擬認股計劃(Phantom Stock)

虛擬認股計劃是一種支付員工現金紅利之承諾。在此承諾下，當員工退休或計劃到期時，企業必須給與相當於一定數量股票價值或一定期間公司股票增值的紅利於員工。此計劃的優點在於不會稀釋公司股權，且可達到激勵員工之效果，但資金成本高。當員工收到虛擬認股計劃的紅利時，需以現金紅利申報課稅，無法享受租稅優惠。

五、績效股(Performance Shares)

　　績效股是一種專門給經理人股票報酬的激勵政策，假如企業已達到廣泛性的績效標準(如達成每股盈餘的預定目標)，企業給與經理人股票以激勵經理人為股東創造最大財富。員工績效與給付基礎連結和企業無庸籌措資金為實行此一獎酬制度之主要優點，但可能會稀釋每股盈餘、提供經理人盈餘管理之動機，甚而使經理人逆向選擇不利公司長期發展之方案。

六、限制型股票(Restricted Stock)

　　限制型股票表該種股票之買入或賣出受到限制。在員工持股計劃中，企業給與員工一定數量之股票，但約定員工在尚未達成既得條件前不可轉讓、出售或質押擔保。若在達成既得條件前違反約定，股票會被沒收且須返還股利。因此員工在未達成既得條件前，員工並未真正擁有股票之所有權。此種制度在員工尚未達成企業預定之目標前，已預先提供達成目標可獲得之股票報酬，且員工雖未直接擁有股票所有權但企業仍可使員工享有股利或投票權以強化員工取得股票之企圖心。此一獎酬制度使員工與企業之目標更為一致，並使員工更注重企業長期目標。此外，限制型股票訂定之標準彈性較大、但相對規範之細節也變得更為複雜繁瑣且更具挑戰性。限制型股票另一個問題為假如員工拿限制型股票給與員工之股票認購權在公開市場行使購買權，若以後員工未達成既得條件，企業將沒收員工股票。此舉不但引發公司與員工間之衝突，更讓人質疑限制型股票的激勵效果。

第三節　員工股票分紅入股之會計處理

一、臺灣員工股票分紅入股之會計處理

　　公司法第235條規定員工分紅配股為盈餘分配項目，因此在2008年以前臺灣員工分紅係屬盈餘分配，會計上亦以盈餘分配方式入帳，而未將給與員工之紅利獎酬認列為薪資費用，外資法人對臺灣員工紅利之會計處理方式提出強烈質疑，認為這種會計處理方式將造成虛增盈餘而誤導財務報表使用者之決策。臺灣積體電路製造股份有限公司在美國發行之存託憑證(ADR) 即是最好的例證。臺灣積體電路製造股份有限公司在臺灣以臺灣會計準則編製之損益表為本期純益，但在美國發行存託憑證必須依照美國一般公認會計原則調整損益表，調整後之本期純益卻變為本期純損。且這兩種會計準則所造成的損益差距卻往往高達新臺幣數百億元。如此巨大的差異常為外國投資者所垢病。此外，員工股票紅利以股票面額計算分紅之金額，嚴重低估了公司員工分紅之獎酬費用。

　　為降低員工分紅會計處理方式對企業產生之負面影響，2003年臺灣證券暨期貨管理委員會要求公開發行公司必須以揭露的方式在財務報告之附註說明員工分紅之相關資訊，包括公司章程所載有關員工分紅及董監事酬勞之相關資訊及分配上

年度盈餘時員工紅利及董監事酬勞的實際分配情形。並在公開
資訊觀測站公布公開發行公司董事會通過之盈餘分配案之相關
資訊，包括擬議分配之員工現金紅利、股票紅利及董監事酬勞
之金額、擬議分配員工股票紅利之股數及其佔盈餘轉增資之比
例、擬議配發員工紅利及董監事酬勞後之設算每股盈餘等相關
資訊。並從2008年開始將員工分紅費用化與國際接軌。

　　為因應2008 年1 月1 日起所實施之員工分紅費用化，財務
會計準則委員會於2007年8月發布第三十九號財務會計準則公
報「股份基礎給付之會計處理準則」規範股份基礎給付交易
(Stock-based Payment Transaction) 之會計處理。股份基礎給付
交易係指下列之交易：

(1) 權益交割股份基礎給付交易：企業取得商品或勞務
時，若以企業本身之權益商品如股票或認股權支付。

(2) 現金交割股份基礎給付交易：企業取得商品或勞務
時，以現金或其它資產支付而其金額係依據企業本身
之股票或其它權益商品之價格為基礎決定。

(3) 得選擇權益或現金交割股份基礎給付交易：企業取得
商品或勞務之協議，允許企業或交易對方選擇權益交
割或現金交割。

　　股份基礎給付交易除了下列情況不適用「股份基礎給付
之會計處理準則」之會計處理外，其它股份基礎給付交易皆應
依第三十九號財務會計準則公報處理:

(1) 企業之員工(或他人)持有該企業之權益商品，且以該
企業之權益商品持有者之身分與企業交易。

(2) 企業因企業合併而發行本身之權益商品以取得被合併公司之控制權。

(3) 企業取得商品或勞務且屬股份基礎給付交易，該交易合約若適用財務會計準則公報第三十四號「金融商品之會計處理準則」之會計處理者。

　　茲就權益交割之股份基礎給付交易、現金交割之股份基礎給付交易和得選擇權益或現金交割之股份基礎給付交易之會計處理原則分述如下：

(一)權益交割之股份基礎給付交易

1. 衡量日之決定

　　衡量日係指衡量取得之商品或勞務或給與之權益商品公平價值之日。若與非員工交易，企業應以取得商品或對方提供勞務之日為衡量日；若與員工交易，則應以給與日為權益商品公平價值之衡量日。給與日係指企業與交易對方(含員工)對於股份基礎給付協議(含條款及條件)有共識之日。

2. 公平價值之衡量與認列

(1) 非員工交易

　　企業向非員工購買商品或勞務而以權益商品支付對價，應於取得商品或對方提供勞務之日以取得之商品或勞務的公平價值借記資產或費用科目、並以取得之商品或勞務的公平價值貸記權益科目。其公平價值可參考市價或以評價方法估計。

(2) 員工交易

企業向員工購買勞務而以權益商品支付對價，應依所給付之權益商品之公平價值衡量。若所給付之權益商品之公平價值亦無法可靠衡量，則應以權益商品之內含價值做為取得員工勞務之成本。茲分述如下：

(a) 以權益商品之公平價值衡量

企業向員工購買勞務，因勞務之公平價值無法可靠估計衡量，則依所給付之權益商品之公平價值衡量。若給與日所給與之權益商品有可參考之市價，則應根據市價並考慮合約條件以決定權益商品之公平價值，若無市價可供參考，則應選用適當之評價方法(如Black-Shores Model)估計給與權益商品之公平價值。估計給與權益商品之公平價值時，其所選用的選擇權評價模式至少應考慮下列因素：(1)選擇權履約價格，(2)選擇權存續期間，(3)標的股票之現時價格，(4)股價之預期波動率，(5)標的股票之預期股利，(6)選擇權存續期間之無風險利率。權益商品每一權益單位之公平價值於給與日確定後不得變更，但員工必須達成既得條件方能享有該權益商品，因此給與權益商品之數量在給與日並不確定，故應於給與日及每一資產負債表日估計最可能享有之權益單位數。以估計最可能享有之權益單位數乘以每一權益單位之公平價值估計權益商品公平價值總額(即勞務總成本)，並在既得期間分攤做為員工之薪資費用。若在既得期間發生估計變動，則採累積調整的方式處理，直至既得日後不再變動勞務成本。 累積調整係指在每個資產負債表日依當時最佳的估計，決定所取得之勞務總成本，再將取得之勞務總成本乘以已取得之勞務比例得出截至該年底止應認列之累積勞務成本，再減去截至上年底止之累積勞務成本，得出當年度應認列之勞務成本，而以前年度已認列之金額不因估計之變動而變動。若員工未符合既得條件時，企業應沖銷以前認列之勞務成本和權益科目。但有一例外，如果既得條件為市價條件，則不論市價條件是否達成，若市價以外之其它條件皆已經符合，仍應認列勞務成本，並將其已認列之權益科目轉入其它適當的權益科目(例如：資本公積-未生效認股權)，假如市價以外之其它條件未達成，則應沖銷勞務成本。若員工已符合既得條件但放棄其既得權利或愈期未執行，則應將已認列之權益科目轉入另一權益科目「資本公積-認股權愈期」。

(b) 以權益商品之內含價值衡量

若所給付之權益商品之公平價值無法可靠衡量，則應以權益商品之內含價值(Intrinsic Value)做為取得員工勞務之成本。內含價值係指交易對方有權取得或認購股份，該股份公平價值與交易對方為取得股份所需支付之履約價格之差額。企業應於每一資產負債表日及既得期間屆滿日衡量勞務總成本，再將其分攤於既得期間。且企業應於既得日至執行日這段期間之每一資產負債表日按內含價值調整勞務成本和權益價值。若員工放棄其既得權利或愈期未執行，應沖銷以前認列之勞務成本和權益科目。

3. 修改合約條款及條件之股份基礎給付交易

企業若以所給與的權益商品之公平價值衡量所購買的勞務，則應以給與日之公平價值衡量並認列勞務成本，並在既得期間分攤做為員工之薪資費用。當權益商品合約之條款及條件修改時，其相關之會計處理如下：

(1) 修改後使所給與權益商品之公平價值增加

企業因修改股份基礎給付協議而增加所給與權益商品之公平價值(如降低履約價格而使認股權價值提高)，應於衡量勞務成本時包含所給與之增額公平價值。增額公平價值係指於修改後所給與權益商品公平價值與修改前公平價值之差額，因此增額公平價值=(修改後每一單位權益商品之公平價值-修改前每一單位權益商品在修改日之公平價值)×原合約給與之權益商品單位數。若股份基礎給付協議於既得期間修改，應於剩餘之原既得期間分攤該增額公平價值。若於既得日後修改，而未規定新的既得期間，則應於修改日將所給與之增額公平價值認列為勞務成本及權益科目。若有規定新的既得期間，則應在新的既得期間內認列。

(2) 修改後使所給與權益商品之數量增加

企業所修改之股份基礎給付協議若增加所給與權益商品之數量，則應於修改日衡量增額公平價值，增額公平價值=每一單位權益商品於給與日估計之公平價值×增額給與之權益商品單位數。若企業於既得期間修改股份基礎給付協議，該增額公平價值應於剩餘之原既得期間分攤。若股份基礎給付協議於既得日後修改，而未規定新的既得期間，則應於修改日將所給與之增額公平價值，借記薪資費用並貸記權益科目。若有規定新的既得期間，則應在新的既得期間內認列。

(3) 修改後使所給與權益商品之公平價值減少

當企業修改股份基礎給付協議而減少所給與權益商品之

公平價值時，不予處理，仍繼續以給與日所給與權益商品於之公平價值衡量勞務成本。

(4) 修改後使所給與權益商品之數量減少

企業因取消或交割(買回)所給與之權益商品而修改股份基礎給付協議導致所給與權益商品之數量減少，應將為所減少之權益商品視為既得權利在既得期間提前取得，應立即認列剩餘既得期間應認列之勞務。因取消所給與之權益商品而支付之款項視為權益商品之買回，應沖減權益科目，但所付價款超過買回日權益商品之公平價值部分應認列為費用。

(5) 修改既得條件對員工不利

若企業修改股份基礎給付協議之既得條件對員工不利時，不予處理，仍以給與日所給與權益商品於之公平價值衡量勞務成本。當員工未能達成既定條件時，應將股份基礎給付協議所產生之資本公積轉為其它資本公積(例如：資本公積-註銷員工認股權)

(二)現金交割之股份基礎給付交易

1. 衡量日之決定

現金交割之股份基礎給付交易是以產生負債之方式購買商品或勞務，因為該負債之金額於執行日(即交割日)方能確定，故執行日(即交割日)為現金交割之股份基礎給付交易之衡量日。

2. 公平價值之衡量與認列

　　現金交割之股份基礎給付交易係企業承諾以現金購買員工之勞務，但現金給付之金額取決於現金給付所連結之權益商品。故企業未來應支付之現金金額必須至員工執行時方能確定，因此企業應於既得期間及既得日至執行日這段期間的每一資產負債表日重新衡量負債之公平價值，並以其做為所取得勞務之成本。借記薪資費用，貸記負債；並將重新衡量負債之公平價值變動視為會計估計變更認列為當期損益，不得追朔調整更正以前年度之勞務成本。

（三）得選擇權益或現金交割之股份基礎給付交易

1. 交易對方選擇交割方式

　　企業若給與交易對方選擇權益交割或現金交割之權利，表該給付為包含負債組成要素(交易對方有權要求現金交割)與權益組成要素(交易對方有權要求以權益商品交割)之複合金融商品。企業應於衡量日應將複合金融商品分為負債組成要素與權益組成要素，並將複合金融商品之公平價值優先分配給負債組成要素，若有剩餘再將剩餘之公平價值分配給權益組成要素。因此若企業交易的對象非屬員工，且所取得之商品或勞務的公平價值可以直接衡量，則企業應於取得商品或勞務之日，以該商品或勞務之公平價值做為複合金融商品之公平價值，計算複合金融商品之公平價值與負債組成要素公平價值之差額，即為權益組成要素的公平價值。企業對於屬于員工之交易，應於衡量日考慮所給與之權益商品或現金權利的合約條款及條件，分別衡量負債組成要素之公平價值與權益組成要素之公平價值取兩者較高者做為複合金融商品之公平價值。確認複合金融商品公平價值後，優先分配複合金融商品公平價值給負債組成要素認列負債。若有剩餘部分則分配給權益組成要素認列權益科目。於既得期間，分配給負債組成要素的部分應依現金交割之股份基礎給付交易處理，分配給權益組成要素的部分應依權益交割之股份基礎給付交易處理。至交割日企業必須依實際交易結果調整，若交易對象選擇以權益商品交割，則企業應沖銷原先認列之股票增值權負債並將其轉列為權益科目；若交易對象選擇現金交割，則企業必須支付現金而不必發行權益商品，其所支付之現金全數用以清償負債，已認列之權益組成要素仍列為權益，但須做權益科目間之調整。

2. 企業選擇交割方式

　　股份基礎給付協議若允許企業選擇交割方式時，企業應在給與日決定目前是否有現金交割之義務。如有現金交割之義務，企業應依現金交割之股份基礎給付交易處理，如無現金交割之義務，企業則依權益交割之股份基礎給付交易處理。企業有下列之情況之一者，視為有現金交割之義務：(1)企業以權益商品交割實務上不可行；(2)企業過去慣例以現金交割；(3)企業明定政策以現金交割；(4)企業通常應交易對方之請求時，即以現金交割；(5)其它具有現金交割義務者。若企業目前無現金交割之義務，則依權益交割之股份基礎給付交易處理。惟在此種情況下，員工執行權利時之會計處理方式，將因公司最後選擇之交割方式不同而有差異，茲分述如下：

(1) 企業選擇以現金交割時，應將現金支付作為權益之買回，沖銷已認列之權益，權益不足者應認列為費用。

(2) 企業選擇發行權益商品交割時，公司只須做權益交割之分錄。

(3) 企業選擇於交割日依公平價值較高之方式交割，應將現金與權益商品公平價值之差額認列為費用。

茲以股份基礎給付交易之會計處理原則詳述員工股票分紅、員工認股權及股票增值權之會計處理：

（一）員工股票分紅之會計處理

員工分紅認列之金額應依員工提供勞務期間公司章程所訂定之比率，估計員工分紅可能發放之金額認列為費用，並依其費用性質列於營業成本或營業費用項下之適當會計科目。因員工紅利係以扣除員工分紅後之盈餘提列，故員工分紅金額必須透過聯立方程式計算之。員工分紅如為股票紅利，上市、上櫃公司之股票紅利股數應以紅利年度員工股票分紅總金額除以年底股價計算之，而年底至次年股東大會之股價變動金額則不於以考慮。這種會計處理方式有違國際會計處理準則之規範。但在公司法未修正前，員工分紅配股為盈餘分配項目，如依一般國際會計處理會與依公司法之規定分配盈餘之金額不符。因此過渡期間之作法為在盈餘分配案之提案內容中不敘明擬分配員工股票紅利股數，僅說明員工分紅費用化之金額和員工股票紅利每股金額之計算基礎。上市、上櫃公司每股員工股票紅利之計算基礎為股東會前一日之收盤價並考慮除權除息之影響，而未上市、上櫃公司則應以股東會前最近期經會計師查核簽證之財務報告淨值計算股票紅利每股之金額。此外，員工股票分紅應在各期會計期間終了估計入帳。而企業編製之期中財務報表，則以截至當期止之稅後淨利乘上公司章程所定之員工分紅成數估列員工分紅金額；若公司章程所定之員工分紅成數係以區間表示，則期中財務報表則應以過去經驗估計員工分紅之最佳成數，以該成數估列員工分紅金額，並於財務報表中附註揭露員工分紅成數估列之依據。當各期估列之方法不一致時，應在財務報表附註中說明不一致的原因。若公司在次年召開股東大會時，所通過之盈餘分配案之員工紅利金額，與上年度財務報告資產負債表日所估列之金額有差異時，差異金額應依會計估計變動處理認列為次年度之費用，不影響上年度已承認之財務報表。若差異金額達證券交易法施行細則第6條規定應重編財務報告之標準者(更正稅後損益金額在新臺幣一千萬元以上，且達原決算營業收入淨額百分之一或實收資本額百分之五以上者)，應重編上年度財務報表。

（二）員工認股權

　　茲將員工認股權之會計處理分為未上市、未上櫃公司及興櫃公司之員工認股權之會計處理及上市、上櫃公司之員工認股權之會計處理，分述如下：

1. 上市、上櫃公司之員工認股權之會計處理

　　上市、上櫃公司發行之員工認股權憑證應依據給與日所取得之資訊採用選擇權評價模式(如Black-Shores Model 或Binomial Pricing Model)估計每一單位認股權之公平價值，並於既得期間每一資產負債表日及既得日預估企業給與之認股權單位數。員工認股權之公平價值即為預估企業給與之認股權單位數與給與日每一單位認股權公平價值之乘積。企業應將認股權公平價值分攤於既得期間而借記薪資費用，貸記資本公積-員工認股權。既得期間預估給與認股權單位數之變動應依會計估計變更處理，不調整以前期間之會計處理。給與日後認股權之公平價值不會隨股票市價、預期價格波動性、預期存續期間、預期股利率及無風險利率等因素變動而變動。依公平價值衡量之員工認股權於既得日後不再調整勞務成本及認股權價值。但若企業因降低履約價格而提高認股權公平價值或增加認股權數量，應將增額之公平價值分攤於剩餘之原既得期間。若於既得日後修改，而未規定新的既得期間，則應於修改日將所給與之增額公平價值認列為勞務成本及權益。若有規定新的既得期間，則應在新的既得期間內認列。反之，當企業提高認股權履約價格而降低認股權之公平價值時，不予處理，仍繼續以給與日所給與認股權之公平價值衡量勞務成本。但企業因取消或買回所給與員工之認股權權時，應立即認列剩餘既得期間應認列之勞務。因取消或買回所給與之認股權權而支付之價款應視為買回認股權，應借記資本公積-員工認股權，貸記現金，但所

支付之價款超過買回日認股權公平價值的部分應認列為費用。若企業修改既得條件對員工不利時，不予處理，仍以給與日所給與權益商品之公平價值衡量勞務成本。當員工未能達成既定條件時，應將資本公積-員工認股權轉為資本公積-註銷員工認股權。除既得條件為市價條件及企業修改既得條件對員工不利外，若員工未能於既得期間達成既得條件，企業應於既得期間結束時，沖銷已認列之資本公積-員工認股權和薪資費用。反之，當員工於既得期間達成既得條件時，企業應借記現金和資本公積-員工認股權，貸記普通股股本和資本公積-股本溢價；另認股權因過期失效時，公司應沖銷資本公積-員工認股權，並將其轉入資本公積-認股權愈期。

2. 未上市、未上櫃公司及興櫃公司之員工認股權之會計處理

由於未上市、未上櫃公司及興櫃公司所發行之員工認股權憑證的公平價值無法可靠衡量，故應於取得商品或勞務時，以內含價值衡量員工認股權的公平價值，並以員工認股權的公平價值作為勞務成本分攤於既得期間。內含價值=股票公平價值-履約價格。在計算內含價值時，股票的公平價值應以企業淨值做為衡量的依據。並於後續的每一資產負債表日及既得日重新衡量員工認股權憑證之內含價值，分攤於既得期間。並將既得日至執行日內含價值之變動列入當期損益。若公司續後上市、上櫃，對已發行之員工認股權憑證仍應繼續採用內含價值法處理，但不得再以企業淨值做為衡量員工認股權憑證公平價值之依據，而以有權認購時或取得股份時的市價與交易對方為取得股份所需支付之履約價格的差額重新衡量內含價值並調整

勞務成本。若日後放棄執行已既得之權益商品或逾期失效，則應回轉已認列之勞務成本並沖銷相關之權益科目。

（三）股票增值權

股票增值權計劃可依給付之方式分為以股票支付之股票增值權和以現金支付之股票增值權。其會計處理茲分述如下：

(a) 以股票支付之股票增值權

以股票支付之股票增值權計劃性質上類似員工認股權，兩者最大之差異為員工認股權必須支付現金認購股票，而以股票支付之員工股票增值權計劃，員工不必支付現金即可取得股票。取得股票之市值等於執行日股票市場價格超過員工股票增值權計劃預定價格之差額，因此以股票支付之股票增值權計劃應依員工認股權之會計處理方式處理之，並於給與日衡量以股票支付之股票增值權的公平市價，將其做為勞務成本分攤於既得期間。

(b) 以現金支付之員工股票增值權

以現金支付之員工股票增值權係企業承諾以股票增值之價值購買員工之勞務，故企業未來應支付之金額必須至員工執行時方能確定，因此企業應於既得期間及既得日至執行日這段期間的每一資產負債表日衡量負債之公平價值，並以其做為所取得勞務之成本。借記薪資費用，貸記員工股票增值權負債；並將重新衡量負債之公平價值變動認列為當期損益，調整薪資費用和員工股票增值權負債科目。

二、美國員工股票分紅入股之會計處理

(一)美國員工認股權之會計處理

　　美國會計原則委員會(APB)於1972年發布第25號意見書「發放股份於員工之會計處理」(Accounting for Stock Issued to Employees以下簡稱APB No. 25)規範員工認股權之會計處理。APB No. 25將員工員工認股權區分為非酬勞性員工認股權計劃和酬勞性員工認股計劃。其會計處理主要規範內容如下：

　　1. 非酬勞性員工認股權計劃：給與員工認股權時不認列任何酬勞費用，於員工行使認股權時按一般發行股份處理。

　　2. 酬勞性員工認股權計劃：員工酬勞性認股權計劃應以衡量日認購股票之市價與認購價格間之差額(即內含價值)做為酬勞性員工認股權計劃之酬勞總成本，再將酬勞總成本分攤於員工服務期間分攤。

　　1995年美國財務會計準則委員會(FASB)發布第123號公報「員工酬勞性認股計劃之會計處理」(Accounting for stock-based compensation;以下簡稱SFAS No. 123)規定所有以股票為基礎的酬勞性認股計劃，酬勞成本均可以公平市價(Fair Value)或APB No.25規範之內含價值認列為費用；若以公平市價計算酬勞成本可使用Black-Scholes 模型來評價。但對於採用APB No.25內含價值認列為費用之公司，必須另外揭露採公平價值法下擬制淨利與每股盈餘之擬制性資訊。從2000年代開始爆發許多國際財務報表醜聞後，公司更加注重公司財務報表之允當性和透明度，因此美國許多公司對於員工酬勞性認股計劃紛紛自動改採公平市價法認列員工酬勞費用，而國際會計準則理事會(IASB)於2002年發布股份基礎給付之草案，規定自2004年起凡適用國際會計準則的國家應將認股權認列為費用。在國際會計準則趨同之趨勢下，美國財務會計準則委員會於2002年12月發布第148號公報「員工酬勞性認股計劃之會計處理-轉換與揭露- FASB No.123號公報之修正」(Accounting for Stock-Based Compensation—Transition and Disclosure—an amendment of FASB Statement No. 123)修正SFAS No.123揭露之要求，要求年度財務報表與期中財務報表皆應揭露員工酬勞性認股計劃所採用之會計方法與所採用之會計方法對報表結果之影響。在2004年3月美國財務會計準則委員會修正財務會計準則第123號公報要求企業將員工認股權及任何以股票為基礎的獎酬以「公平市價」認列為費用。

(二)限制型股票

　　企業應於發行限制型股票於員工之給與日，決定限制型股票之公平市價且在既得期間認列為費用，每一股限制型股票之公平價值於給與日確定後不得變更，但員工必須達成既得條件方能真正擁有限制型股票，因此在給與日企業應借記未賺得酬勞費用，並貸記普通股股本及資本公積-股本溢價。未賺得酬勞費用為股東權益之減項，在既得期間逐期轉為酬勞費用。若員工未達成既定條件，企業將沒收限制型股票。因此企業應沖銷(借記)普通股股本及資本公積-股本溢價，並貸記已認列之酬勞費用和未賺得酬勞費用。

第三章
文獻回顧

第一節　最佳之員工激勵政策

在代理理論之架構下，最佳之員工激勵政策應是能紓解經理人與股東間利益衝突，並能降低代理成本為股東創造最大價值之政策。Eisenhardt (1989) 和 Gomez-Mejia and Balkin (1992) 主張主理人 (principals，即股東) 可以經由控制激勵政策來激勵代理人(agents，即經理人)。激勵政策可以是固定支付如薪資，也可採不同方式來激勵如紅利、盈餘分享計劃和員工認股權計劃等。Long (1978) 提出員工持股可增加員工對公司認同感之看法。Wilson, Cable and Peel (1990) 指出利潤分享制度可提高員工工作的滿足感、降低離職率及增加員工對組織的忠誠度。Holmstrom and Milgrom (1991) 指出當績效容易衡量時，應採較高誘因契約如高獎金或高績效配股。若績效不易衡量時，則採低誘因契約如低獎金或固定薪資。然而La Porta et al. (1999) 指出在一些投資者未受良好保護的國家，家族成員和經理人掌握大部分之股權。在這樣的環境背景下，股權分散並非是最適當的政策，因此提出權益基礎的獎酬 (equity-based compensation) 是不需要的見解。

第二節　影響員工股票紅利決策和員工股票分紅比例之因素

一、經理人持股比例

在企業所有權與經營權分離的前提下，如何使企業經理人和企業所有者(股東)利益一致，並為企業創造最大價值一直是熱門的研究主題。林靜香 (2007) 研究結果顯示經理人持股比例與員工股票分紅呈顯著正相關。但Mehran (1995) 發現內部人所有權和外部大股東所有權與權益基礎之獎酬皆顯著負相關。Ryan and Wiggins (2001) 檢驗公司及管理者特質對於高階管理者獎酬之影響，發現CEO所有權和外部大股東所有權對於高階管理者之員工認股權獎酬均呈負向關係。

二、外部董事席次佔全體董事席次之比例

　　很少文獻探討在建立獎酬政策時董事會所扮演之角色。Main and Johnson (1993) 發現如果最高酬勞之董事出現在獎酬委員會並不會影響高階主管的薪酬結構與水準。致於非執業董事是否會壓制高階主管的薪酬水平，Mangel and Singh (1993) 未能發現實證上支持越多非執業董事、越低高階主管薪酬之假說。Kren and Kerr (1997) 發現沒有證據顯示執業董事或非執業董事主導的董事會積極的監督執行長的獎酬政策。僅張倫綺 (2006) 實證結果顯示當企業獨立董事人數比例較高時，較會顧及小股東利益，傾向給與較少的員工認股權獎酬。

三、營運風險

　　高營運風險之企業現金流量通常較不穩定，為避免現金短缺與使用較高的融資成本對外籌資，企業會儘量節省現金支出，避免現金股利之支付，因此高營運風險之企業較營運風險低之企業股利支付率相對較低，對於員工之獎酬亦會採行盈餘分享計劃和員工認股權計劃以減少現金支出。Lambert et al. (1989) 和 Fenn and Liang (2001) 指出高階主管(經理人) 認股權與股利支付率呈顯著負相關。

四、財務槓桿

企業在考慮獎酬制度時皆會將自己的財務狀況列入考慮，當企業面對較高的負債成本時，不但會尋求較穩定的資金來源如增資發行新股，亦會實行減少資金流出之獎酬制度。Blasi and Kruse (1991) 研究發現負債成本較高之企業較喜歡實行員工持股計劃。Dechow et al. (1996) 和 Core and Guay (1999, 2001) 指出缺乏資金之企業較願意實施權益性的獎酬政策以減少現金支出。但張昱婷 (2004) 却發現公司之財務槓桿與員工股票分紅呈顯著反向關係。

五、企業規模

企業組織運作、監督控制的難易程度通常與企業規模大小呈正相關。企業規模越大，組織作業越繁雜，經營越困難，因此愈大之企業需要更有才能的專業經理人經營，企業當然應給經理人較多的報酬。相對的有才華的專業經理人也會較難控制駕馭，企業因而必須支付較高的監督成本。為降低監督成本並使經理人為企業創造最大財富。大企業應實行盈餘分享計劃和員工認股權計劃，使經理人與企業之利益休戚與共。Gregg and Machin (1988) , Poole (1989) , Fitzroy and Kraft (1995) 發現企業規模與企業實行盈餘分享計劃和員工認股權計劃呈正相關，Baker and Hall (1998) 與 Himmelberg et al. (1999) 證實較大企業的高階主管都會期望得較多的權益性獎酬，而且這些權益性獎酬會隨著企業的規模而遞增，但遞增之比例却呈現遞減之現象。Ryan and Wiggins (2001) 指出公司規模與高階管理者之認股權獎酬呈正相關。張昱婷 (2004) 亦指出公司規模與員工股票分紅呈現顯著的正相關。但巫素玫 (2002) 實證發現當企業規模越小，員工分紅入股比例越高，公司規模與員工分紅入股呈負相關。Cheadle (1989) 却指出企業規模與企業是否實施盈餘分享或員工認股權計劃兩者之間無顯著關係。

六、成長機會

Smith and Watts (1992) 提出「對充滿成長機會的企業而言，不論是股東或董事都難以決定經理人行為的適當性」之假說，因此企業應以權益性酬勞使經理人與股東利益趨同。Gaver and Gaver (1993) 提出企業成長機會越高，使用員工認股權來激勵員工之機率越高之看法。Mehran (1995) 與 Himmelberg et al. (1999) 證實高階主管權益性獎酬和企業成長機會呈正相關。Lasfer (2002) 指出高成長企業較低成長企業更依賴經理人持股來舒緩股東與經理人間之代理問題。Florackis and Ozkan (2005) 發現對高成長企業而言，高階主管之所有權是一項較為有效的公司治理機制。

七、研究發展支出密度

公司的員工激勵政策往往與行業特性有關,相關的研究也證實此一特性。依據代理理論,若工作性質屬可規劃類型,應採固定給付之方式獎酬員工。倘工作性質不易規劃,則應以紅利、盈餘分享計劃和員工認股權計劃等來激勵員工。工作性質屬於可規劃類型者為可以清楚的定義出所要求之行為。Gaver, Gaver, and Austin (1995) 指出研發程度高的成長型企業,通常固定薪酬的比率較低,研究發展支出與員工分紅配股佔基本薪酬之比例呈正相關。Mehran (1995) 研究顯示研發密度與權益基礎獎酬呈正相關。Ryan and Wiggins (2001) 指出公司研發密度與高階管理者之認股權獎酬呈正相關。Ittner et al. (2003)發現屬新經濟下的高科技製造業公司實行權益基礎獎酬制度(如員工認股權)的遠超過舊經濟下大型的製造業公司。張昱婷 (2004) 就臺灣員工股票分紅制度對公司投資風險與融資風險的影響進行探討,實證結果發現研究發展支出與員工股票分紅呈現顯著的正相關。

八、資本密度

企業之獎酬制度若採固定薪資報酬可能產生員工濫用資本設備的現象,如果採用紅利、盈餘分享計劃和員工認股權

計劃等來激勵員工則可避免此種浪費。因此高資本密度產業之
企業應以紅利、盈餘分享計劃和員工認股權計劃等方式來激勵
員工。Poole (1989) 和 Cahuc and Dormont (1992) 研究發現資本
密度與企業實行盈餘分享計劃和員工認股權計劃呈正相關,但
Jones and Pliskin (1991) 和 Jones and Kato (1993) 却持相反之看
法,指出企業實行盈餘分享計劃和員工認股權計劃與資本密度
呈負向關係。

九、薪資水準

　　當企業發放的薪資水準高,表示企業面臨的財務壓力
大。企業可能喜歡較具彈性的獎酬制度如紅利、盈餘分享計劃
和員工認股權計劃等以保持財務彈性。另一方面,企業願意
付出較高的薪資表示企業雇用的人員較優秀,對於優秀的員
工採盈餘分享的獎酬制度更具激勵效果。相關的一些研究如
Mitchell et al. (1990) 和 Hart and Hubler (1991) 指出薪資水準高
的企業較薪資水準低的企業喜歡實行盈餘分享的獎酬制度以保
持財務彈性。

第三節　代理成本之衡量指標和影響代理成本之因素

一、代理成本之衡量指標

　　Eisenhardt (1989) 建議以代理理論來檢驗公司的激勵政策。Ang et al. (1999)、Singh and Davidson (2003) 、Florackis and Ozkan (2005) 和 Chen and Yur-Austin (2007) 分別採用資產週轉率與費用率做為衡量代理成本之代理變數。資產週轉率係以銷貨收入除以總資產作為衡量代理成本的代理變數。資產週轉率代表經理人利用資產產生銷貨收入之效率,較高的資產週轉率代表經理人運用資產的效率較好,故代理成本相對較低。費用率Ang et al.是以全部的營業費用除以銷貨收入計算費用率以反映經理人控制營運成本之效率,而 Singh and Davidson、Florackis and Ozkan 和 Chen and Yur-Austin 則以銷售管理費用率來衡量經理人之代理成本。銷售管理費用率為銷售管理費用除以銷貨收入,銷售管理費用指的是與產品銷售有關和與管理職能有關的裁決性成本包括管理人員薪資費用、租金、水電費、租賃支出、用品費、廣告費和銷售費用。這些支出不但反應出經理人如何裁量公司經濟資源的使用與配置,更可用以評估存在股東與經理人間的代理衝突程度。當經理人裁決性支出越高,代理衝突越大,相對代理成本越高。

二、影響代理成本之因素

(一)經理人持股比例

　　Jensen and Meckling (1976) 指出當企業所有權與經營權分離時,代理問題便會產生,而且經理人之持股比例與代理問題呈現負相關之關係。Jensen (1993) 更進一步提出利益趨同 (convergence of interest) 之假說,並建議增加經理人持股比率以舒緩經理人與股東之間的衝突以提高企業經營績效。Ang et al. (1999) 以聯邦準備委員會調查之小企業資料進行研究,發現如果企業由外部人員經營,相對於企業所有者自己經營代理成本較高。此外,他們的研究結果證實經理人持股比例越高,資產使用效率越高且費用支出相對越低,經理人持股比例在現有的代理機制下確實舒緩了經理人與股東之間的利益衝突,降低代理成本。Singh and Davidson (2003) 則以大型公開發行公司為研究對象,研究結果顯示經理人持股比例越高,資產使用效率越高,相對代理成本越低。但却無法找到足夠的證據證明經理人高持股比例能有效抑制過高的裁決性費用(discretionary expenses)。雖然一些相關研究支持經理人持股比例愈高、企業經營績效愈高的看法,但一些相關研究却發現經理人持股比例與代理成本間為非單一綫性關係,如Morck et al. (1988) 發

現當經理人持股比例在0%－5%之間或經理人持股比例超過
25%時，經理人持股比例與Tobin's Q呈正相關。當經理人持股
比例介於5%－25% 之間，經理人持股比例與Tobin's Q呈負相
關。McConnell and Servaes (1990, 1995) 研究結果顯示內部人
(insider)持股比例與Tobin's Q呈倒U型，在內部人之持股比例
達到40%－50%之前 ，內部人持股比例與Tobin's Q呈正相關，
當經理人之持股比例超過40%－50% 之後，經理人持股比例與
Tobin's Q呈負相關。

（二）外部董事席次佔全體董事席次之比例

　　外部董事之設置為解決股東與經理人間利益衝突的重要
機制。Fama (1980) 和 Fama and Jensen (1983) 提出企業擁有具
備專業知識並能執行監督的外部董事能增進企業價值的看法。
Baysinger and Butler (1985) 證實結果指出外部董事席次佔全體
董事席次之比例與企業經營績效呈正相關。Brickley and James
(1987)、 Byrd and Hickman (1992) 和 Lee et al. (1992) 認為外
部董事可以藉由策略評估以增進企業之價值。Weisbach (1988)
則認為外部董事可以提議解聘管理不佳或經營績效不彰的經理
人，如此可增進企業價值。Dahya et al. (2002) 發現高階經理人
之汰換率會隨著外部董事的比例增加而增加。雖然許多文獻支
持外部董事能夠發揮積極監督的作用，但有些相關研究卻持不
同的論點。Hermalin and Weisbach (1991) 發現外部董事席次佔
全體董事席次之比例與企業經營績效無重大相關。

(三)員工股票分紅比例

過去很少文獻直接探討員工股票分紅比例對代理成本的影響，而員工股票分紅係企業給與員工報酬之一種方式。Florackis and Ozkan (2005) 檢查英國上市公司員工薪資(即員工報酬之代理變數)與代理成本間之關係時，將公司規模大小、公司治理機制、財務槓桿與成長機會對代理成本之影響列入考慮後，發現員工薪資與代理成本之間顯現非綫性之關係。Florackis and Ozkan (2009) 以1999年至2005年英國非金融業企業為樣本，研究經理人與股東間之裂痕如何影響代理成本。Florackis and Ozkan以持股比例、董事會結構和經理人之獎酬做為衡量經理人與股東間裂痕之代理變數，發現經理人與股東間存在的裂痕愈大，資產週轉率愈小(即代理成本越高)。

(四)財務槓桿

Jensen and Meckling (1976) 認為舉債對企業之代理成本有相當大之影響，當企業負債金額較高時，債權人會更嚴密的監督企業之運作，因此經理人相對比較沒有機會從事這些對企業價值無所增益的活動。Ang et al. (1999) 研究發現企業之財務槓桿與代理成本間呈現顯著的負向關係。McKnight and Weir (2008) 以 1996-2000 年英國上市之非金融業企業為樣本，探討英國上市公司之公司治理機制和股權結構變動對代理成本之影響，研究發現公司之負債確實可以降低代理成本。Florackis and Ozkan (2005，2009) 研究指出短期負債是一種能有效降低英國公司代理成本之公司治理機制。但以負債比例做為財務槓桿之代理變數，分別以資產週轉率(代理成本之逆代理變數)和銷管費用率衡量代理成本，實證結果得出不顯著且不一致的結論。Singh and Davidson (2003) 研究報告指出企業之財務槓桿與資產週轉率為顯著的負相關，顯示企業財務槓桿愈大，代理成本愈高。

（五）規模大小

Doukas et al. (2000) 研究顯示規模較大之企業組織作業較複雜，股東取得企業資訊的困難度相對較高，因此規模較大之企業其代理成本可能相對較高。Singh and Davidson (2003) 與 Florackis and Ozkan (2005) 實證研究指出企業規模大小與代理成本間呈現顯著負向關係。

（六）成長機會

楊雨雯 (2002) 研究結果指出當企業的規模越大或成長機會越高時，其代理成本越高，因此公司會傾向以發行員工認股權和員工分紅的方式降低代理成本。Florackis and Ozkan (2005) 發現高成長企業較低成長企業面臨更多的代理問題，因此企業的成長性越高，代理成本越大。此外，成長機會是影響代理成本大小的重要因素，一些公司治理機制(如負債比例) 會因為企業的成長機會不同而呈現出不一樣的結論。

第四節　激勵效果

員工股票分紅為臺灣特有之員工獎酬制度，與國外盛行之員工認股權計劃(employee stock options plan) 和股票基礎獎酬制度(equity-based compensation) 有雷同之處。故本書就國外研究之員工認股權計劃和股票基礎獎酬制度與企業經營績效之相關研究於以探討，Klein (1987) 研究顯示當公司的股價越高，員工對員工持股計劃的滿意程度越高，實施員工持股計劃具有降低員工流動率並提升經營績效之效果。Mehran (1995) 以Tobin's Q 與資產報酬率做為衡量企業經營績效之指標，發現公司後續經營績效與高階主管的股票基礎薪酬佔總薪酬之比例呈正相關。Park and Song (1995) 則以 Tobin's Q 與資產市值對資產帳面價值比來衡量員工持股計劃對公司未來營運的影響，研究結果證實實行員工持股計劃確實具有正面的激勵效果。Iqbal and Hamid (2000) 以營業利潤來衡量營運績效，亦指出當實施員工持股計劃之公司其股價上升時，實施員工持股計劃對員工的生產力與營運績效有正面之激勵效果。尤其在股價變動顯著時，員工持股計劃之後續激勵效果更為明顯。Chen (2003) 研究結果顯示權益價值與員工股票紅利在當期呈現顯著正向關係，但對未來則不顯著。當公司擁有較多投資機會時，股票紅利的激勵效果則會更加顯著。Frye (2004) 以較早期的樣本做實證，發現提供較多權益基礎獎酬給員工的企業經營績效較佳，但以較晚期樣本做研究，却得出權益基礎獎酬制度導致未來較低之會計報酬。

　　雖然一些相關研究證實實行員工持股計劃與企業經營績效呈正向關係，但有些研究卻持不同論點。Aboody (1996) 以二項選擇權定價模式(binomial option-pricing model) 實證研究員工認股權價值與公司股價的相關性，發現流通在外員工認股權價值與公司股價為負相關，此乃員工認股權的稀釋效果大於激勵效果所致。Lee et al. (1999) 以61家新加坡公司為樣本，實證結果指出實施員工認股權之企業並沒有因為員工認股成為公司股東而有較好的後續經營績效。Elayan et al. (2001) 以Tobin's Q、資產報酬率和權益報酬率做為績效衡量指標，結果發現實施激勵性的薪酬計劃並未創造較佳的經營績效。

　　在2002年以前，很少臺灣研究學者注意到臺灣員工分紅制度的問題。直至2002年，外國投資機構對臺灣員工分紅制度的會計處理方式提出強烈質疑後，臺灣員工分紅制度之探討才如雨後春筍般的展開。但陳隆麒與翁霓 (1992) 已開始探討企業實施員工分紅入股是否會增進經營績效，研究結果發現實施員工股票分紅之企業，不論是製造業或服務業其資產報酬率均比未實施員工股票紅利政策的企業高。趙曉玲 (2002) 以生產力及獲利能力做為衡量員工分紅配股對企業影響之指標，研究發現企業實施員工分紅配股制度不一定能提升員工生產力，但對企業獲利能力則有正面的幫助。張培真 (2003) 研究指出員工入股程度與公司經營績效為正向之關係。王昌雄 (2005) 實證結果顯示不管是員工現金紅利或員工股票紅利對於Tobin's Q 與股東權益報酬率皆是顯著的正向關係。若同時發放員工現金紅利與員工股票紅利，則激勵效果會更佳。李建然、劉正田與葉家榮 (2006) 以Ohlson 評價模型及Easton and Harris 報酬模型實證分析發現，電子業或股市為多頭市場時，員工分紅入股與股價及報酬呈現正相關。

　　蔡志瑋 (2003) 採用淨值報酬率和Tobin's Q 來衡量員工分紅對組織績效之影響，實證結果顯示無論員工分紅是以面值或以市價計算，皆與淨值報酬率和Tobin's Q呈現顯著正相關，表示組織之經營績效確實可經由員工分紅而提高。但若以累積異常報酬來探討員工分紅對投資人報酬之影響，發現投資人的報酬並沒有因為前一期員工分紅而提高，反而呈現負向關係，此乃因過度發放員工股票紅利導致員工分紅的激勵效果小於員工分紅的稀釋效果。盧明輝 (2005) 以2000年至2004年臺灣上市櫃電子業企業為研究對象，探討員工分紅制度對企業經營績效之影響。實證結果指出發放員工紅利之電子業企業其經營績效顯著低於未發放員工紅利之企業，且電子業發放前一年度員工紅利對當年度的經營績效為顯著負相關。陳俊合 (2005) 分別以平均資產報酬率、平均調整後資產報酬率【2】、後續三年買進持有股票報酬率、每股盈餘成長率和設算每股盈餘成長

【2】將員工紅利公平價值費用化後，計算之平均資產報酬率為平均調整後資產報酬率。

【3】將員工紅利公平價值費用化後，計算之每股盈餘成長率為設算每股盈餘成長率。

率【3】為後續經營績效之代理變數，研究臺灣上市資訊電子公司與上市非資訊電子公司發放員工紅利對後續經營績效之影響，發現上市資訊電子上市公司以市值計算的員工分紅比率與後續資產報酬率和每股盈餘成長率間存在顯著正相關，但與後續調整後資產報酬率的正向關係不存在，甚至與設算每股盈餘成長率間出現微弱的負相關。此外，上市資訊電子公司的帳面員工分紅比率與後續一年股票報酬率亦呈顯著負相關。對上市非資訊電子公司而言，帳面員工分紅比率和市值員工分紅比率與後續一年設算每股盈餘成長率間均存在顯著正相關。林靜香 (2007) 實證結果顯示員工股票紅利與權益價值之間為顯著的負相關，但當公司潛在之代理成本愈大時，人力資源的重要性愈高，員工股票紅利反而可以發揮較大的激勵效果。林維珩與陳如慧 (2008) 以資料包絡分析法(Data Envelopment Analysis)之效率值探討員工分紅制度之短期效益，研究結果顯示電子業中發放員工分紅之企業比未發放員工分紅之企業經營效率較為不佳，員工股票分紅對經營效率有顯著的負面影響，而以現金分紅者對經營效率之影響則不顯著。員工分紅金額較高者對其經營效率呈現顯著負向關係，顯示樣本公司員工分紅過多，超過激勵作用。

第四章
研究方法

第一節 研究假說

　　現代企業最主要的特徵為企業的所有權與經營權分離（ Fama, 1980)，在這種機制下，股東為了確保管理經營企業之經理人所作之決策與全體股東利益一致，最好的方法為將經理人變成公司股東，並以獎酬合約激勵經理人以股東最大利益行事。經理人代表股東管理企業形成所謂的代理關係(agency relationship)。兩者間之利益衝突則演變成代理問題(agency problems)。為解決代理問題所支付的成本即為代理成本(agency cost)。對臺灣上市公司之股東而言，員工股票分紅是用來緩和代理衝突而設計之制度。目前這些股東面臨最大的挑戰為如何從總體經濟環境的變遷因素(如利率、GDP成長率)、外部環境(如成長機會、行業特性(包括研究發展密度、資本支出密度、薪資水準)等角度及內部壓力(如經營風險、財務槓桿、公司規模、經理人持股比例、獨立董事佔全體董事席次之比例)等觀點評估員工股票分紅制度的適當性。

經理人經營企業除了得到現金報酬外,通常也會收到一些非現金利益(如股票紅利、股票認股權、車子等),而這些非現金利益是以企業的經濟資源支付。若經理人沒有持有公司股份,他們所收到的非現金利益是股東相對支付的費用。反之,若經理人擁有公司股份,他們所收到的非現金利益代表的是全體股東財富的減少。因此實施員工分紅,對外部股東而言,意味著企業價值的降低。員工分紅比例越高代表股東損失的財富越多,且經理人財富減少之比例也會隨著經理人持股比例的增加而增加。

經理人持股比例一向為股東最關切的主題之一,經理人持股比例不但反映經理人對企業未來發展前景之看法,影響經理人的決策判斷,更攸關股東權益財富。本書預期如果臺灣上市公司之經理人若沒有持有公司的股份,利益衝突將會使經理人與外部股東間形成一道鴻溝。為了使經理人與外部股東的利益一致,股東應發放股票紅利於經理人,使其成為公司股東。然而給與經理人太多的股票紅利,不但會損及外部股東的財富,更會加深兩者之間因利益衝突而產生之裂痕。這種裂痕也會隨著經理人出售公司本身的股份或者是公司減少發放,甚而禁止發放股票紅利於員工而降低。因此本書的第一個假說如下:

H1：經理人持股比例較高之企業比經理人持股比例較低之企業實行員工股票分紅政策的可能性較低。

　　對個別的股東而言，他們通常都把焦點集中於董事會。理論上，公司治理提供了一個控制鏈。在此控制鏈下，經理人必須對董事會之董事負責，董事反過來必須對股東負責。稅後盈餘分配方案在臺灣是由董事會先提議，再提交股東大會同意，股東大會同意後由董事會負責監督稅後盈餘分配之執行。相對於美國的董事會，臺灣上市公司的董事會結構是不同於美國的董事會。自從2002年美國通過沙賓法案(Sarbanes-Oxley Act)，美國要求公開發行公司必須設立由獨立董事組成的獎酬委員會。獎酬委員會負責以下之事宜：
　　(1) 核閱及核准企業目標及有關執行長(CEO)獎酬之相關事項。
　　(2) 對其他董事提議執行長以外人員之獎酬、獎酬激勵計劃及權益基礎之獎酬計劃。
　　(3) 製作美國證管會要求的執行獎酬報告並將其包含在每年代理報告書或 Form 10-K 報告書中。
　　(4) 定期評估獎酬委員會之績效。
　　在臺灣獎酬政策是由董事會單獨決定的，臺灣並未要求公開發行公司設立獎酬委員會。在沙賓法案以前甚至董事會成員皆由公司股東所組成，無獨立董事參與董事會。而且許多企業的董事都是執業董事。這意味著執業董事決定他們自己的薪酬。美國沙賓法案的通過對臺灣造成一些衝擊。臺灣也制定新

的制度以監督獎酬計劃，依據2006年5月30日修正之證券交易
法第14條之2第1項規定，公開發行公司之董事會得依公司章程
規定設置獨立董事，但主管機關應視公司規模、股東結構、業
務性質及實務狀況要求公司設置，其人數不得少於二人，且不
得少於董事會席次五分之一。新的制度期望獨立董事能扮演監
督企業獎酬計劃之角色，以避免企業支付過多的獎酬予經理人
和員工，因而損及股東權益。因此本書第二個假說強調獨立董
事影響員工股票分紅政策之議題。第二個假說說明如下：

**H2：獨立董事席次佔全體董事席次比例較高之企業比獨立董
事席次佔全體董事席次比例較低之企業實施員工股票分
紅制度的可能性較低。**

對員工股票紅利政策有控制權的股東而言，經營風險可
能是企業在決定是否發放員工股票紅利時，另外一項主要的考
慮因素。依據臺灣公司法之規定，當公司本期純益彌補以往年
度虧損後仍有剩餘盈餘時，公司才可發放員工紅利。如果企業
能有效的使用其經濟資源以創造更多、更穩定的利潤(即較低
之經營風險)，企業可能會比較喜歡以員工股票分紅的方式來
獎酬員工，以便能有更多的現金再投資。假如企業無法有效的
使用其經濟資源，則會造成利潤偏低甚至虧損。這些企業可
能比較不願意採用員工股票分紅政策，以避免日後股本變大稀
釋每股盈餘。讓已經經營不善的窘境，更是雪上加霜。此外，
在兩稅合一的稅制下，若有盈餘而未於下年度分配，則應加徵

10%未分配盈餘。因此企業若無特別資金需求，都會盡可能將盈餘分配，現金股利與員工現金紅利則會產生排擠作用。當現金股利發放較多時，企業則會降低員工現金紅利之發放，而改用股票做為員工之獎酬。本書使用股利支付率做為經營風險之代理變數，以判斷員工股票分紅政策實施的可能性。本書第三個假說說明如下：

H3：股利支付率較高之企業比股利支付率較低之企業實行員工股票分紅政策的可能性較高。

　　當企業在決定是否應對員工分紅配股時，企業之財務狀況可能也會被列入考慮。如果企業有很高的財務槓桿(即較高的負債淨值比)，企業可能會較樂於發放員工股票紅利以節省現金支出，以便保留更多現金作為償債之用，並維持資本。這種想法就形成假說四，假說四說明如下：

H4：擁有較高負債淨值比之企業比負債淨值比較低之企業執行員工股票分紅的可能性較高。

　　另外一個影響企業是否實行員工股票分紅的因素可能是企業規模的大小。大企業通常被視為是一個具有穩定利潤、穩定現金流量和健康財務狀況的成熟公司。反之，小企業通常被認定為是一個利潤不穩定、流動性具有風險和較差財務狀況較差的新創立或成長中之企業。依據前面的推論，本書假設大企業較小企業擁有更充裕的資金，因此大企業可能會傾向於發放現金紅利給員工。本書以資產總額之自然對數做為衡量企業規模大小之代理變數。因此本書第五個假說如下：

H5：規模較大之企業（即擁有較大的資產總額之自然對數）比規模較小之企業實行員工股票分紅的可能性較低。

在制定員工分紅政策時，另一個可能被考慮的因素為企業的成長機會。如果一個企業擁有較多的成長機會，則該企業需要更多的資金投資在營運上。通常需要更多資金的企業，可能被預期為較喜歡以發放員工股票紅利的方式來獎賞員工。企業的成長機會通常以股東權益的公平市價除以股東權益的帳面價值之比例 (以下簡稱為股價淨值比) 來衡量。具有較高股價淨值比的企業被視為較具發展潛力之公司，因此假說六說明如下：

H6：具有較大股價淨值比的企業比較小股價淨值比的企業實行員工股票分紅的可能性較高。

每一個行業都具有其特定的產業特性，這些產業特性會促使相同產業特性的企業傾向於採用相同的策略。從一些已提出的相關研究報告中可以得知高科技產業或需要較高資本投資之企業比其他一般行業實行員工股票分紅政策的機率較高。由於高科技產業的產品生命週期短、技術複雜度高、又需不斷的研發、快速成長和做重大投資。這些特質使得高科技產業需要更多的資金以支應龐大的開支，而且員工是高科技產業最重要的資產，如何吸引人才及留住人才攸關企業成敗。因此本書假設具有較高資本支出、較高研究發展支出和較低薪資水準(表勞力密集度低)之產業實行員工股票分紅政策的機率較高。資本支出的高低是以本期購置的固定資產總額佔銷貨收入淨額之比例 (即資本支出密度) 來衡量，研究發展支出之高低是以本期研究發展支出總額佔銷貨收入淨額之比例 (即研究發展支出密度) 來評估。薪資水準則以薪資總額除以銷貨收入淨額做為衡量之標準。本書假說七敘述如下：

H7：具有較高資本支出密度、較高研究發展支出密度和較低薪資水準之企業實行員工股票分紅政策的機率較高。

企業在制定決策時，外在的總體經濟環境往往也是一個重要的考慮因素。當企業預期未來的經濟環境狀況較好時，企業的獲利能力可能也會有較好的表現。在較樂觀的經濟環境下，企業較願意以發放現金的方式來酬勞員工。反之，若對未來預期的經濟環境不樂觀時，企業可能會以股票紅利的方式來獎勵員工。企業預期未來的總體經濟環境，可以從國內經濟發展的角度及全球經濟金融的觀點加以探討。利率之高低往往透露經濟景氣的興衰。劉茂亮(2003)主張長期利率是順循環指標。因此低利率不但反映市場資金之供給大於需求，更傳達了經濟不景氣之訊號，因此許多國家政府藉由調降利率來刺激消費、復甦景氣。當景氣越差，企業將會減少資金支出，並儘量握有現金。故本書假說八之說明如下：

H8：當利率越低時，企業實行員工股票分紅政策的機率越高。

觀察全球經濟金融的脈動，可以從下一期美國實質國民生產毛額成長率來衡量，當企業預期下一期美國實質國民生產毛額成長率較高時，意味著美國消費能力高、經濟活動力強，進而帶動全球經濟之發展。此外，臺灣實施員工股票分紅的企業集中於高科技電子產業，這些高科技電子產業屬外銷導向之產業，美國為其主要的出口國家。美國消費能力的高低，也可能是這些高科技電子產業擬定策略的重要考慮因素。當預期未來市場消費能力高時，企業所面臨的外在環境因素的風險較低，企業也會較願意以現金紅利的方式來獎勵員工。故本書以下一期美國實質國民生產毛額成長率做為企業預期未來市場消費能力之指標。假說九之說明如下：

H9：當企業預期下一期美國實質國民生產毛額成長率較高時，企業實行員工股票分紅政策的機率較低。

第二節　實證模型與變數定義

一、實行員工股票紅利政策之決定因素之實證模型與變數定義

本書以下列邏輯式分析(logistic regression)作為測試上述研究假說發生機率之函數：

$$\rho(y_{i,t}) = e^{\,y_{i,t}} \quad (1)$$

$$\begin{aligned}
\text{而 } y_{i,t} = & B_0 + B_1 \times MO_{i,t} + B_2 \times ID_{i,t} + B_3 \times DR_{i,t} + B_4 \\
& \times DE_{i,t} + B_5 \times Log(TA_{i,t}) + B_6 \times M/B_{i,t} + B_7 \times \\
& RDI_{i,t} + B_8 \times CI_{i,t} + B_9 \times LI_{i,t} + B_{10} \times R_t + B_{11} \\
& \times GDPGR_{t+1} + \varepsilon_{i,t}
\end{aligned}$$

應變數 $\rho(y_{i,t})$ 代表企業實行員工股票分紅政策的機率，如果企業實行員工股票分紅政策，則令其為1；未實行者，令其為0。

自變數說明如下：

$MO_{i,t}$：第 i 家公司在第 t 年年底經理人持股比例，係以經理人在第 t 年年底所持有之普通股股數除以第 t 年年底普通股流通在外總股數。

$ID_{i,t}$ ：第 i 家公司在第 t 年年底獨立董事席次佔全體董事
席次之比例，係以第 t 年年底獨立董事人數除以第
t 年年底全體董事人數。

$DR_{i,t}$：第 i 家公司在第 t 年的股利支付率，係以第 t 年普
通股現金股利總額 (於 t＋1年發放) 除以第 t 年稅後
可分配盈餘。稅後可分配盈餘為稅後淨利減以前年
度虧損、提列百分之十的法定盈餘公積和提列特
別盈餘公積後，可用以分配股利和員工紅利之盈
餘。

$DE_{i,t}$：第 i 家公司在第 t 年年底之負債淨值比，係以第 t
年年底負債總額除以第 t 年年底股東權益總額。

$Log(TA_{i,t})$：第 i 家公司在第 t 年年底資產總額之自然對
數，係以第 t 年年底資產總額取自然對數。

$M/B_{i,t}$：第 i 家公司在第 t 年年底之股價淨值比，係以第 t
年年底公司股票市值總額除以第 t 年年底股東權
益總額。

$RDI_{i,t}$：第 i 家公司在第 t 年之研究發展支出密度，係以
第 t 年研究發展支出總額除以第 t 年銷貨收入淨
額。

$CI_{i,t}$ ：第 i 家公司在第 t 年之資本支出密度，係以第 t 年
購置固定資產總額除以第 t 年銷貨收入淨額。

$LI_{i,t}$ ：第 i 家公司在第 t 年之薪資水準，係以第 t 年薪資
總額除以第 t 年銷貨收入淨額。

R_t ： 三年期定期存款利率。

$GDPGR_{t+1}$：第 t＋1 年美國實質國內生產毛額(GDP)成長
率。

二、員工股票分紅比例決策之實證模型與變數定義

　　臺灣公司法規定，公司章程必須明定員工分紅比例。員工分紅比例可以是一個固定比例、最低限之比例或介於高限和低限之間的比例。因此董事會在擬定員工股票分紅政策時，必須依據公司章程之規定，決定稅後可分配盈餘分配為員工股票紅利的最佳比例，以期能滿足員工之期望，並為股東創造最大的財富。員工股票分紅比例之決策可以反映出企業如何看待他們的代理問題和所想要的激勵效果。如果分配過多的稅後可分配盈餘做為員工股票紅利，董事會會擔心是否會有道德風險和逆向操作之問題。反之，如果分配的比例過少，可能會降低員工股票分紅的激勵效果。當企業在決定員工分紅比例時，還必須將內部環境、外部環境和總體經濟環境列入考慮。因此本書將上述這些考量因素做為員工股票分紅比例函數的自變數，探討其對員工股票分紅比例的影響。

　　本書僅就員工股票分紅比例決策之實證模型與變數說明如下：

$$\text{ESB(\%)}_{i,t} = \alpha_0 + \alpha_1 \times \text{Dummy}_{i,t} + \alpha_2 \times \text{Dummy}_{i,t} \times \text{MO}_{i,t} + \alpha_3 \times \text{Dummy}_{i,t} \times \text{ID}_{i,t} + \alpha_4 \times \text{Dummy}_{i,t} \times \text{DR}_{i,t} + \alpha_5 \times \text{Dummy}_{i,t} \times \text{DE}_{i,t}$$

$$+ \alpha_6 \times \text{Dummy}_{i,t} \times \text{Log}(\text{TA}_{i,t}) + \alpha_7 \times \text{Dummy}_{i,t}$$
$$\times \text{M/B}_{i,t} + \alpha_8 \times \text{Dummy}_{i,t} \times \text{RDI}_{i,t} + \alpha_9 \times \text{Dummy}_{i,t}$$
$$\times \text{CI}_{i,t} + \alpha_{10} \times \text{Dummy}_{i,t} \times \text{LI}_{i,t} + \alpha_{11} \times \text{Dummy}_{i,t}$$
$$\times R_t + \alpha_{12} \times \text{Dummy}_{i,t} \times \text{GDPGR}_{t+1} + \varepsilon_{i,t} \qquad (2)$$

$\text{Dummy}_{i,t}$：如果公司實行員工股票紅利政策，$\text{Dummy}_{i,t}$等於1，其它等於0。

$\text{ESB(\%)}_{i,t}$：第 i 家公司在第 t＋1年以第 t 年稅後可分配盈餘分配予員工做為股票紅利的比例(即員工股票分紅比例)，係以第 t＋1年員工股票紅利總額除以第 t 年稅後可分配盈餘。稅後可分盈餘為稅後淨利減以前年度虧損、提列百分之十的法定盈餘公積和提列特別盈餘公積後，可用以分配股利和員工紅利之盈餘。

本書以股票之面值與市值分別計算員工股票紅利總額，因此$\text{ESB(\%)}_{i,t}$以下列符號表達：

$\text{ESBM}_{i,t}$：第 i 家公司在第 t＋1年分配第 t 年員工股票紅利(以股票市值計算)總額除以第 t 年稅後可分配盈餘。故$\text{ESBM}_{i,t}$＝第 t＋1年除權日每股之除權價格×分配於員工做為股票紅利之普通股股數／稅後可分配盈餘。

$\text{ESBP}_{i,t}$：第 i 家公司在第 t＋1年分配第 t 年員工股票紅利(以股票面值計算)總額除以第 t 年稅後可分配盈餘。故$\text{ESBP}_{i,t}$＝普通股每股面值×分配予員工做為股票紅利之普通股股數／稅後可分配盈餘。

實證模型(2)之自變數定義請參閱實證模型(1)之自變數定

義。

三、員工股票分紅比例與代理成本之關係之實證模型與變數定義

　　盈餘分配除了經由董事會決議外尚需經股東大會通過，因此股東會負有監督董事會分配稅後可分配盈餘予員工做為股票紅利之責任與權利。通常股東將這樣的獎勵視為獲利的指標，因此期望股價會上漲。然而發放過多的員工股票紅利，不但會導致每股盈餘下降，而且犧牲股東可分享的稅後可分配盈餘。他們因而必須忍受稀釋的盈餘股價比。這種因代理關係產生利益分歧而造成每股盈餘稀釋之金額，被視為是一種剩餘損失(residual loss)。為了避免這種現象之產生，股東會努力的監督並限制董事會發放過多的員工股票紅利。監督所產生之成本即為監督成本(monitoring costs)。除此之外，董事會也會發生一些約束成本(bonding costs)以保證他們不會做一些不正常之行為(例如向股東保證報酬)。在這種情況下，實施員工股票紅利政策所產生之代理成本即為監督成本、約束成本和剩餘損失之總和。

　　本書以Florackis and Ozkan(2005)的研究為基礎，考慮企業特定的內部和外部環境因素如公司規模大小、公司治理機制、財務槓桿與成長機會等發展出代理成本與員工股票分紅比例關係之實證模型如下：

$$\text{Agency cost}_{i,t} = \theta_0 + \theta_1 \times \text{Dummy}_{i,t} + \theta_2 \times \text{ESBP}_{i,t} + \theta_3 \times$$
$$\text{【ESBP}_{i,t}\text{】}^2 + \theta_4 \times \text{ESBM}_{i,t} + \theta_5 \times \text{【ESBM}_{i,t}\text{】}^2$$
$$+ \theta_6 \times \text{MO}_{i,t} + \theta_7 \times \text{ID}_{i,t} + \theta_8 \times \text{DE}_i + \theta_9$$
$$\times \text{Log(TA}_{i,t}) + \theta_{10} \times \text{M/B}_{i,t} + \xi_{i,t} \qquad (3)$$

$\text{ESBP}_{i,t}$ 和 $\text{ESBM}_{i,t}$ 為第 i 家公司在第 $t+1$ 年以第 t 年稅後可分配盈餘分配之員工股票分紅比例之代理變數。

$\text{ESBP}_{i,t}$ 是以股票面值計算之員工股票紅利總額除以第 t 年稅後可分配盈餘之員工股票分紅比例，$\text{ESBM}_{i,t}$ 則是以股票市值計算之員工股票紅利總額除以第 t 年稅後可分配盈餘之員工股票分紅比例。

實證模型(3)之自變數定義請參閱實證模型(1)之自變數定義。

對於代理成本(Agency cost) 之代理變數，本書與 Singh and Davidson (2003)、Florackis and Ozkan (2005) 和Chen and Yur-Austin (2007) 一致，採用資產週轉率和銷管費用率做為衡量代理成本之代理變數。資產週轉率等於銷貨收入淨額除以平均資產總額，銷管費用率則為行銷費用及管理費用佔銷貨收入淨額之比例。資產週轉率為衡量企業使用資產效率之指標。低的資產週轉率可解釋為決策不良、努力不夠、使用上浪費或者是不適當的採購。具有較低資產週轉率之企業往往被認定為必須負擔較高存在於股東和員工間的代理成本。相對於資產週轉率，銷管費用率反映的是企業的員工如何審慎使用公司資源於重要的項目。例如員工使用行銷費用去掩飾特權之開支。因此具有較高銷管費用率之企業常常會被視為比較有可能付出較高的代理成本。除了採用資產週轉率和銷管費用率做為代理成本之代理變數外，本書亦採用稀釋盈餘做為代理成本之另一代理變數。以股票做為紅利去獎賞員工意味著股東願意與員工共享稅後盈餘。如此做法稀釋了股東原本可以享有之盈餘，而任何分配給員工之稅後盈餘代表股東給與員工以舒緩員工和股東間衝突所減少之盈餘。將其除以普通股12月份月均價以平整，即為稀釋盈餘。因此稀釋盈餘等於設算每股盈餘減每股盈餘，除以普通股12月份收盤價之月均價，設算每股盈餘其計算式為：公司第 t 年稅後淨利減第 t＋1年除權日每股的除權價格乘以分配給員工做為股票紅利之股數，再減分配給特別股之股利，除以公司第 t 年普通股流通在外加權平均股數。本書預期具有較大稀釋盈餘的企業在員工和股東間存在較高的代理成本。

四、激勵效果實證模型與變數定義

　　股東常常會認為發放最適比例的可分配盈餘做為員工股票紅利可創造最大的激勵效果。如果發放的員工股票紅利等於或較股東預期的最適比例稍微較少，則股東將會因員工之努力而受惠。如果發放的員工股票紅利比例過高，則會損害股東之利益。相關研究對員工股票紅利激勵效果呈現不同之結果，有些研究認為員工股票紅利對當期具有正面的激勵效果，但對未來卻沒有作用，反而會降低企業後續之企業價值。有些研究則認為員工股票紅利對公司經營績效具有正面效果。因此本書與以前的研究最大不同處為以代理成本之角度來檢驗員工股票紅利對公司經營績效的效果，並採用Fama and French (1993) 三因素報酬預期模型 (three- factor returns expectation model) 測試執行員工股票紅利政策所產生之代理成本對當期及後續期間股東報酬之影響。測試前，本書先控制市場因素、企業規模和成長機會等因素，並就員工股票分紅所產生之代理成本對當期及後續期間股東報酬之關係函數與變數說明如下：

$$SR_{i,t} = \Phi_0 + \Phi_1 \times Dummy_{i,t} + \Phi_2 \times Agency\ cost_{i,t} +$$
$$\Phi_3 \times Dummy_{i,t} \times Agency\ cost_{i,t} + \Phi_4 \times Rm_t +$$
$$\Phi_5 \times SMB_t + \Phi_6 \times HML_t + \omega_{i,t} \qquad (4)$$

$$SR_{i,t+1} = \Phi_0 + \Phi_1 \times Dummy_{i,t} + \Phi_2 \times Agency\ cost_{i,t} + \Phi_3$$
$$\times Dummy_{i,t} \times Agency\ cost_{i,t} + \Phi_4 \times Rm_t + \Phi_5$$
$$\times SMB_t + \Phi_6 \times HML_t + \omega_{i,t} \qquad (5)$$

變數說明如下：

$SR_{i,t}$：i 公司第 t 年之股票報酬率。

$SR_{i,t+1}$：i 公司第 t＋1 年之股票報酬率。

$Dummy_{i,t}$：如果公司實施員工股票紅利政策，$Dummy_{i,t}$
　　　　　等於1，其它等於0。

$Agency\ cost_{i,t}$：i 公司第 t 年之代理成本。代理成本之逆
　　　　　代理變數為資產週轉率，代理成本之代理
　　　　　變數為銷管費用率 與稀釋盈餘。

$ATR_{i,t}$：資產週轉率。

SAR $_{i,t}$ ：銷管費用率。

DEY $_{i,t}$ ：稀釋盈餘。

Rm $_t$ ：第 t 年市場報酬率(即所有上市公司加權平均之股票報酬率)。

SMB $_t$ ：第 t 年最大公司的股票報酬率與同一年度最小公司的股票報酬率之差額。

HML $_t$ ：第 t 年最大股價淨值比企業的股票報酬率與同一年度最小股價淨值比企業的股票報酬率之差額。

對於員工股票紅利政策，不同行業有不同的喜好程度，因此本書在一既定市場因素、企業規模、成長機會和產業型態下，執行行業測試以確認特定行業之企業因執行員工股票紅利政策，代理成本對當期及後續期間股東報酬之影響，本書僅就其關係函數與變數說明如下：

$$SR_{i,t} = \rho_0 + \rho_1 \times \text{Agency cost}_{i,t} + \rho_2 \times Rm_{Dj,t} + \rho_3 \times SMB_{Dj,t}$$

$$+ \rho_4 \times HML_{Dj,t} + \sum_{j=1} (\rho_{j+4} \times D_j) + \sum_{j=1} (\rho_{j+21} \times$$

$$D_j \times \text{Dummy}_{i,t}) + \eta_{i,t} \qquad (6)$$

$$SR_{i,t+1} = \rho_0 + \rho_1 \times \text{Agency cost}_{i,t} + \rho_2 \times Rm_{Dj,t} + \rho_3 \times$$

$$\text{SMB}_{Dj,t} + \rho_4 \times \text{HML}_{Dj,t} + \sum_{j=1} \left(\rho_{j+4} \times D_j \right)$$

$$+ \sum_{j=1} \left(\rho_{j+21} \times D_j \times \text{Dummy}_{i,t} \right) + \eta_{i,t} \qquad (7)$$

變數說明如下：

$SR_{i,t}$：i 公司第 t 年之股票報酬率。

$SR_{i,t+1}$：i 公司第 t＋1 年之股票報酬率。

Agency cost$_{i,t}$：i 公司第 t 年之代理成本。代理成本之逆代理變數為資產週轉率，代理成本之代理變數為銷管費用率與稀釋盈餘。

$ATR_{i,t}$：資產週轉率。

$SAR_{i,t}$：銷管費用率。

$DEY_{i,t}$：稀釋盈餘。

$Rm_{Dj,t}$：第 t 年所有同行業市場報酬率(即同行業上市公司加權平均之股票報酬率)。

$SMB_{Dj,t}$：第 t 年同行業最大公司的股票報酬率與同一年度同行業最小公司的股票報酬率之差額。

$HML_{Dj,t}$：第 t 年同行業最大股價淨值比企業的股票報酬率與同一年度同行業最小股價淨值比企業的股票報酬率之差額。

D_j：行業別。

Dummy$_{i,t}$：如果公司實施員工股票紅利政策，Dummy$_{i,t}$ 等於1，其它等於0。

第五章
資料來源與敘述性統計

第一節 資料來源

本書針對影響臺灣上市公司員工股票分紅政策之決定因素及其激勵效果作實證分析。研究期間從1998年至2007年，所測試之變數數據如表5-3。本書所使用的資料主要來自臺灣經濟新報 (Taiwan Economic Journal, TEJ) 資料庫，其中經理人持股比例、獨立董事人數、全體董事人數和除權資料(除權日、除權參考股價) 取自TEJ company DB 模組。普通股現金股利、員工現金紅利、員工股票紅利、稅後淨利、以前年度虧損、提列之法定盈餘公積、提列之特別盈餘公積、資產總額、負債總額、股東權益總額、銷貨收入淨額、研究發展支出總額、當期購置固定資產總額、薪資總額、資產週轉率、行銷費用總額、管理費用總額、每股盈餘、特別股之股利和普通股流通在外加權平均股數等數據來自TEJ finance DB模組。從TEJ equity 模組取得的數據包括年報酬率、市場報酬率、行業市場報酬率、股價淨值比、十二月均價和每日收盤價。利率、美國實質國內生產毛額(GDP)成長率數據由TEJ Profile 模組中取得，但2008年美國實質國內生產毛額成長率資料則取自美國國會預算局。

第二節　樣本選擇

　　本書以臺灣上市公司(不含金融業和建材營造業)為研究樣本，並排除樣本研究期間被合併公司和下市公司。不含建材營造業之理由為建材營造業營業週期期較長(通常長於一年)，負債比例較一般產業高。最重要的是在1998年至2007年這段研究期間臺灣建材營造業一直處於慘淡經營之狀況，故本書將建材營造業排除。研究期間開始於1998年，最主要的因素為臺灣從1998年開始實施兩稅合一[4]。在此稅制下，當年度稅後淨利彌補以前年度虧損並提列法定盈餘公積後之稅後盈餘，若未於下一年度全數發放為股利、董監事酬勞與員工紅利，則應加徵10%的未分配盈餘。這樣的稅賦政策改變了企業分配盈餘的政策與方式，故本書以1998年為基期，探討鼓勵上市公司實施員

[4] 兩稅合一是一種消除公司與股東營利所得重複課稅的稅制。認為公司為法律上的虛擬個體，不具納稅能力。所以應將公司營利事業所得與股東所獲得的股利，只課徵一次所得稅。茲舉例如下：在兩稅合一下，甲公司2007年度課稅所得1千萬元，營利事業所得稅稅率25%，故甲公司於2008年繳納2007年度營利事業所得稅250萬元(表甲公司增加股東可扣抵稅額250萬元)，稅後盈餘750萬元，甲公司於繳納所得稅後分配750萬元盈餘給股東，假設該公司共有股東十人，每一股東獲配75萬元股利(即為股利淨額)時，並可同時獲配股東可扣抵稅額25萬元，其應申報的股利總額即100萬元。如股東適用的邊際稅率30%，應納稅額30萬元，可扣抵稅額25萬元，故股東僅需再補繳5萬元；如股東適用的邊際稅率為6%，應納稅額為6萬元，可扣抵稅額為25萬元，故股東尚可獲得退稅19萬元。

工股票分紅制度的決定因素及這些因素如何影響稅後可分配盈餘發放為員工股票紅利之比例，並從代理成本的角度衡量員工股票分紅制度之效果與激勵作用。依照臺灣證券交易所數據庫統計，從1998年至2007年這段期間上市公司(不含已下市公司)共有712家。刪除行業特性不同之金融業37家和建材營造業37家、經營異常不善淪為全額交割股的14家公司與資料不齊全的19家公司，最後篩選的樣本公司共有605家。將這些公司依照是否實行員工股票分紅政策分為測試組與控制組。實行員工股票分紅的測試組共有399家，未實行員工股票分紅的控制組共有206家。

第三節　敘述性統計分析

一、上市公司發放員工股票紅利概況

　　表5-1列示1998年至2007年臺灣上市公司發放員工股票紅利之統計表(依產業別)，由表5-1觀察發現臺灣發放員工股票紅利家數佔上市公司總家數之比例(以下簡稱發放員工股票紅利家數比例)由1998年(實際發放年度為次年度1999年)的30.71%劇升至1999年和2000年的40.54%和42.30%。2001年發放員工股票紅利家數比例則下降至36.75%。除了2003年的39.20%外，從2002年至2007年間臺灣上市公司發放員工股票紅利家數比例約在35.5%上下2%震蕩。如果從產業別來分析，觀光事業從1998年至2007年，電器電纜從2001至2007年沒有任何一家企業採行員工股票紅利政策，從1998年至2007年這10年當中，汽車工業只有中華汽車股份有限公司，而水泥工業只有臺灣水泥股份有限公司執行員工分紅配股。從數據中顯示傳統產業執行員工股票分紅的比例相對於高科技產業的比例是偏低的。電機機械、化學生技醫、電子工業和其它為臺灣上市公司中較喜歡以員工股票紅利獎勵員工的行業。除了1998年和2000年外，每年實施員工分紅配股的電子工業企業約佔電子工業的六成左右。電子工業是目前臺灣最熱中實行員工分紅配股政策的產業。

表5-1　1998年至2007年臺灣上市公司發放員工股票紅利之統計表
　　　　(依產業別)

產 業 別	家 數	員工股票 分紅家數	佔產業 比例	佔上市 公司比例	
			1998年		
水泥工業	7	-	-	-	
食品工業	20	2	10.00%	0.31%	
塑膠工業	21	1	4.76%	0.15%	
紡織纖維	46	4	8.70%	0.62%	
電機機械	35	11	31.43%	1.70%	
電器電纜	13	-	-	-	
化學生技醫	35	8	22.86%	1.23%	
玻璃陶瓷	5	2	40.00%	0.31%	
造紙工業	7	-	-	-	
鋼鐵工業	26	2	7.69%	0.31%	
橡膠工業	9	-	-	-	

	1999年				2000年		
家 數	員工股票分紅家數	佔產業比例	佔上市公司比例	家 數	員工股票分紅家數	佔產業比例	佔上市公司比例
7	-	-	-	7	-	-	-
20	2	10.00%	0.30%	20	2	10.00%	0.30%
21	2	9.52%	0.30%	21	2	9.52%	0.30%
46	5	10.87%	0.76%	46	2	4.35%	-
35	15	42.86%	2.27%	35	12	34.29%	1.79%
13	2	15.38%	0.30%	13	1	7.69%	0.15%
35	9	25.71%	1.36%	35	9	25.71%	1.35%
5	2	40.00%	0.30%	5	-	-	-
7	2	28.57%	0.30%	7	1	14.29%	0.15%
26	6	23.08%	0.91%	26	4	15.38%	0.60%
9	-	-	-	9	-	-	-

(續) 表5-1 1998年至2007年臺灣上市公司發放員工股票紅利之統計表
(依產業別)

產 業 別	家 數	1998年		
		員工股票分紅家數	佔產業比例	佔上市公司比例
汽車工業	4	-	-	-
電子工業	294	142	48.30%	21.91%
建材營造	37	7	18.92%	1.08%
航運業	17	-	-	-
觀光事業	6	-	-	-
貿易百貨業	10	2	20.00%	0.31%
油電燃氣業	8	3	37.50%	0.46%
金融保險	13	4	30.77%	0.62%
其 它	35	11	31.43%	1.70%
總家數	648	199		30.71%

註1：表中之年度為紅利年度，實際發放年度為紅利年度之次年度。

2：統計資料已刪除下市公司，且以企業分割、合併後之資料統計。

	1999年				2000年		
家 數	員工股票分紅家數	佔產業比例	佔上市公司比例	家 數	員工股票分紅家數	佔產業比例	佔上市公司比例
4	-	-	-	4	-	-	-
305	192	62.95%	29.05%	310	226	72.90%	33.78%
37	4	10.81%	0.61%	37	2	5.41%	0.30%
17	2	11.76%	0.30%	17	2	11.76%	0.30%
6	-	-	-	6	-	-	-
10	1	10.00%	0.15%	10	1	10.00%	0.15%
8	5	62.50%	0.76%	8	3	37.50%	0.45%
15	7	46.67%	1.06%	18	1	5.56%	0.15%
35	12	34.29%	1.82%	35	15	42.86%	2.24%
661	268		40.54%	669	283		42.30%

(續) 表5-1 1998年至2007年臺灣上市公司發放員工股票紅利之統計表
(依產業別)

產業別	家數	2001年			
		員工股票分紅家數	佔產業比例	佔上市公司比例	
水泥工業	7	-	-	-	
食品工業	20	-	-	-	
塑膠工業	21	-	-	-	
紡織纖維	46	2	4.35%	0.29%	
電機機械	35	8	22.86%	1.17%	
電器電纜	13	-	-	-	
化學生技醫	35	9	25.71%	1.32%	
玻璃陶瓷	5	-	-	-	
造紙工業	7	-	-	-	
鋼鐵工業	26	3	11.54%	0.44%	
橡膠工業	9	-	-	-	

	2002年				2003年		
家 數	員工股票分紅家數	佔產業比例	佔上市公司比例	家 數	員工股票分紅家數	佔產業比例	佔上市公司比例
7	1	14.29%	0.14%	7	1	14.29%	0.14%
20	-	-	-	20	-	-	-
21	1	4.76%	0.14%	21	-	-	-
46	2	4.35%	0.29%	46	2	4.35%	0.28%
34	9	26.47%	1.29%	35	11	31.43%	1.56%
13	-	-	-	13	-	-	-
35	9	25.71%	1.29%	35	11	31.43%	1.56%
5	-	-	-	5	-	-	-
7	-	-	-	7	1	14.29%	0.14%
26	4	15.38%	0.57%	26	4	15.38%	0.57%
9	1	11.11%	0.14%	9	-	-	-

(續) 表5-1 1998年至2007年臺灣上市公司發放員工股票紅利之統計表
(依產業別)

產 業 別	2001年				
	家 數	員工股票分紅家數	佔產業比例	佔上市公司比例	
汽車工業	4	-	-	-	
電子工業	319	207	64.89%	30.31%	
建材營造	37	3	8.11%	0.44%	
航運業	17	2	11.76%	0.29%	
觀光事業	6	-	-	-	
貿易百貨業	10	1	10.00%	0.15%	
油電燃氣業	8	3	37.50%	0.44%	
金融保險	22	2	9.09%	0.29%	
其 它	36	11	30.56%	1.61%	
總家數	683	251		36.75%	

註 1：表中之年度為紅利年度，實際發放年度為紅利年度之次年度。

　　2：統計資料已刪除下市公司且以企業分割、合併後之資料統計。

2002年				2003年			
家數	員工股票分紅家數	佔產業比例	佔上市公司比例	家數	員工股票分紅家數	佔產業比例	佔上市公司比例
5	-	-	-	5	-	-	-
324	204	62.96%	29.18%	326	218	66.87%	30.97%
37	3	8.11%	0.43%	37	4	10.81%	0.57%
17	1	5.88%	0.14%	17	3	17.65%	0.43%
6	-	-	-	6	-	-	-
10	1	10.00%	0.14%	10	1	10.00%	0.14%
8	-	-	-	8	2	25.00%	0.28%
33	3	9.09%	0.43%	35	6	17.14%	0.85%
36	9	25.00%	1.29%	36	12	33.33%	1.70%
699	248		35.48%	704	276		39.20%

(續) 表5-1 1998年至2007年臺灣上市公司發放員工股票紅利之統計表
(依產業別)

| 產 業 別 | 家 數 | 2004年 | | | |
		員工股票 分紅家數	佔產業 比例	佔上市 公司比例	
水泥工業	7	1	14.29%	0.14%	
食品工業	20	-	-	-	
塑膠工業	21	2	9.52%	0.28%	
紡織纖維	46	1	2.17%	0.14%	
電機機械	35	9	25.71%	1.27%	
電器電纜	13	-	-	-	
化學生技醫	35	10	28.57%	1.41%	
玻璃陶瓷	5	-	-	-	
造紙工業	7				
鋼鐵工業	26	4	15.38%	0.56%	
橡膠工業	9	-	-	-	

2005年				2006年			
家 數	員工股票分紅家數	佔產業比例	佔上市公司比例	家 數	員工股票分紅家數	佔產業比例	佔上市公司比例
7	1	14.29%	0.14%	7	1	14.29%	0.14%
20	-	-	-	20	1	5.00%	0.14%
21	1	4.76%	0.14%	21	2	9.52%	0.28%
46	1	2.17%	0.14%	46	1	2.17%	0.14%
35	10	28.57%	1.40%	35	7	20.00%	0.98%
13	-	-	-	13	-	-	-
35	9	25.71%	1.26%	35	7	20.00%	0.98%
5	-	-	-	5	1	20.00%	0.14%
7	-	-	-	7	-	-	-
26	2	7.69%	0.28%	26	3	11.54%	0.42%
9	1	11.11%	0.14%	9	-	-	-

(續) 表5-1 1998年至2007年臺灣上市公司發放員工股票紅利之統計表
(依產業別)

產 業 別	家 數	員工股票分紅家數	佔產業比例	佔上市公司比例	
		2004年			
汽車工業	5	-	-	-	
電子工業	329	205	62.31%	28.95%	
建材營造	37	6	16.22%	0.85%	
航運業	17	3	17.65%	0.42%	
觀光事業	6	-	-	-	
貿易百貨業	10	1	10.00%	0.14%	
油電燃氣業	8	-	-	-	
金融保險	36	7	19.44%	0.99%	
其 它	36	13	36.11%	1.84%	
總家數	708	262		37.01%	

註 1：表中之年度為紅利年度，實際發放年度為紅利年度之次年度。

2：統計資料已刪除下市公司且以企業分割、合併後之資料統計。

2005年				2006年			
家 數	員工股票分紅家數	佔產業比例	佔上市公司比例	家 數	員工股票分紅家數	佔產業比例	佔上市公司比例
5	-	-	-	5	1	20.00%	0.14%
332	190	57.23%	26.69%	332	194	58.43%	27.25%
37	6	16.22%	0.84%	37	10	27.03%	1.40%
17	3	17.65%	0.42%	17	3	17.65%	0.42%
6	-	-	-	6	-	-	-
10	1	10.00%	0.14%	10	1	10.00%	0.14%
8	1	12.50%	0.14%	8	1	12.50%	0.14%
37	6	16.22%	0.84%	37	2	5.41%	0.28%
36	9	25.00%	1.26%	36	9	25.00%	1.26%
712	241		33.85%	712	244		34.27%

(續) 表5-1 1998年至2007年臺灣上市公司發放員工股票紅利之統計表
(依產業別)

2007年				
產業別	家數	員工股票分紅利家數	佔產業比例	佔上市公司比例
水泥工業	7	1	14.29%	0.14%
食品工業	20	1	5.00%	0.14%
塑膠工業	21	3	14.29%	0.42%
紡織纖維	46	-	-	-
電機機械	35	7	20.00%	0.98%
電器電纜	13	-	-	-
化學生技醫	35	8	22.86%	1.12%
玻璃陶瓷	5	2	40.00%	0.28%
造紙工業	7	-	-	-
鋼鐵工業	26	3	11.54%	0.42%
橡膠工業	9	-	-	-

(續) 表5-1　1998年至2007年臺灣上市公司發放員工股票紅利之統計表
　　　　(依產業別)

2007年				
產 業 別	家 數	員工 股票分紅 利家數	佔產業 比例	佔上市 公司比例
汽車工業	5	-	-	-
電子工業	332	198	59.64%	27.81%
建材營造	37	10	27.03%	1.40%
航運業	17	1	5.88%	0.14%
觀光事業	6	-	-	-
貿易百貨業	10	1	10.00%	0.14%
油電燃氣業	8	2	25.00%	0.28%
金融保險	37	6	16.22%	0.84%
其 它	36	10	27.78%	1.40%
總家數	712	253		35.53%

註 1：表中之年度為紅利年度，實際發放年度為紅利年度之次年度。

　　2：統計資料已刪除下市公司且以企業分割、合併後之資料統計。

二、上市公司員工紅利之組成結構

　　圖5-1列示1998年至2007年臺灣上市公司員工現金紅利趨勢圖，圖5-2列示1998年至2007年臺灣上市公司員工股票紅利(面值)趨勢圖。從圖5-1與圖5-2中觀察發現，電子工業是臺灣上市公司發放員工紅利最多之產業。從1998年至2003年電子工業發放員工現金紅利之金額相對於員工股票紅利(面值) 之金額顯然是偏低的。由於一些員工分紅相關之研究發現，2004年以前臺灣許多企業發放之員工股票紅利市值竟超過當年度稅後盈餘的50%，嚴重侵蝕股東的權利。因此2004年金管會證期局規定上市公司所發放之員工紅利市值不得超過當年度稅後盈餘的半數。2005年又規定上市公司所發放之員工紅利以現金支付及配發新股(以市價計算)之合計數不得超過當年度稅後盈餘的半數，且不可高於可分配盈餘(本期純益減以前年度虧損、法定盈餘公積與特別盈餘公積後之餘額)的50%。由於證期局之規範而使得電子工業從2004年開始逐漸大幅增加員工現金紅利之金額。令人驚訝的是2006年和2007年員工現金紅利之金額甚至超過員工股票紅利(面值) 之金額。

　　表5-2依產業別列示1998年至2007上市公司員工紅利之組成結構，表中將上市公司分為一般產業和金融保險業兩類，一般產業由電子工業、化學生技醫、電機機械、建材營造和其它產業(即前四類以外之一般產業)所組成。員工紅利之組成結構包含了員工現金紅利金額、員工現金紅利佔一般產業(或金

融保險業)員工紅利之比例、員工股票紅利面值和員工股票紅利面值佔一般產業(或金融保險業)員工紅利之比例。從表5-2觀察發現，電子工業之員工現金紅利金額佔一般產業員工紅利之比例由紅利年度1998年(實際發放年度為1999年)的21.39%大幅下降至2000年的10.59%再逐年遞增至2007年的47.08%；相對地，電子工業之員工股票紅利面額佔一般產業員工紅利之比例則由紅利年度1998年的52.40%顯著上升至2000年的78.36%再逐年下降至2007年的38.02%。除了1998年與2004年外，電子工業近十年發放的員工紅利皆佔一般產業上市公司的80%以上，電子工業可謂是臺灣發放員工紅利最多之行業。金融保險業在紅利年度1998年時員工股票紅利面額佔金融保險業員工紅利的74.25%，在1999年甚至高達96.52%。但從2000年至2006年間卻巨幅下降至8.94%。直至2007年才回升至30.89%。

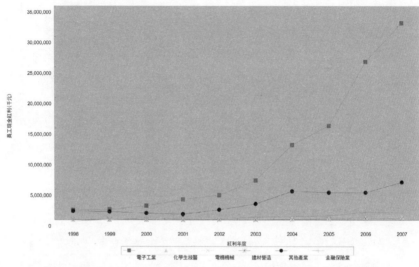

圖5-1 1998 年至2007年臺灣上市公司員工現金紅利趨勢圖

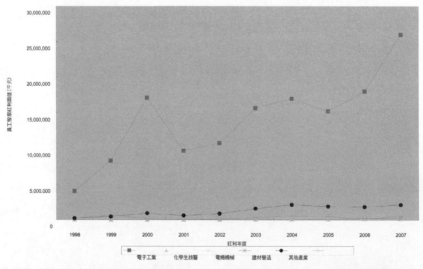

圖5-2 1998 年至2007年臺灣上市公司員工股票紅利(面值)趨勢圖

表5-2　1998年至2007年臺灣上市公司員工紅利之組成結構(依產業別)

電 子 工 業				
紅利年度	員工現金紅利金額(千元)	佔員工紅利金額比例	員工股票紅利面值(千元)	佔員工紅利金額比例
1998	1,641,752	21.39%	4,022,324	52.40%
1999	1,703,802	13.99%	8,272,336	67.93%
2000	2,317,139	10.59%	1,7138,492	78.36%
2001	3,320,879	22.28%	9,703,205	65.10%
2002	4,053,711	22.61%	10,784,980	60.16%
2003	6,436,651	23.81%	15,694,764	58.05%
2004	12,275,670	33.03%	17,015,872	45.78%
2005	15,410,022	40.21%	15,256,189	39.81%
2006	25,909,503	49.92%	18,036,270	34.75%
2007	32,193,487	47.08%	26,001,420	38.02%

註: 詳見116頁之附註。

(續) 表5-2 1998年至2007年臺灣上市公司員工紅利之組成結構(依產業別)

化 學 生 技 醫				
紅利年度	員工現金紅利金額(千元)	佔員工紅利金額比例	員工股票紅利面值(千元)	佔員工紅利金額比例
1998	52,727	0.69%	50,453	0.66%
1999	51,898	0.43%	46,475	0.38%
2000	55,466	0.25%	52,144	0.24%
2001	107,889	0.72%	62,033	0.42%
2002	177,619	0.99%	56,778	0.32%
2003	161,964	0.60%	99,824	0.37%
2004	339,486	0.91%	141,149	0.38%
2005	275,183	0.72%	107,703	0.28%
2006	370,172	0.71%	123,252	0.24%
2007	452,223	0.66%	135,208	0.20%

(續) 表5-2　1998年至2007年臺灣上市公司員工紅利之組成結構(依產業別)

電 機 機 械				
紅利年度	員工現金紅利金額(千元)	佔員工紅利金額比例	員工股票紅利面值(千元)	佔員工紅利金額比例
1998	96,297	1.25%	74,768	0.97%
1999	68,537	0.56%	136,284	1.12%
2000	123,419	0.56%	75,163	0.34%
2001	82,662	0.55%	40,419	0.27%
2002	234,840	1.31%	51,848	0.29%
2003	280,198	1.04%	98,552	0.36%
2004	333,773	0.90%	96,525	0.26%
2005	578,361	1.51%	132,576	0.35%
2006	718,201	1.38%	55,275	0.11%
2007	768,609	1.12%	81,911	0.12%

(續) 表5-2 1998年至2007年臺灣上市公司員工紅利之組成結構(依產業別)

建 材 營 造				
紅利年度	員工現金紅利金額(千元)	佔員工紅利金額比例	員工股票紅利面值(千元)	佔員工紅利金額比例
1998	66,283	0.86%	20,020	0.26%
1999	73,148	0.60%	12,840	0.11%
2000	74,739	0.34%	6,400	0.03%
2001	13,955	0.09%	15,786	0.11%
2002	17,727	0.10%	31,460	0.18%
2003	36,002	0.13%	16,762	0.06%
2004	83,081	0.22%	43,081	0.12%
2005	156,059	0.41%	65,012	0.17%
2006	245,539	0.47%	172,715	0.33%
2007	284,299	0.42%	193,730	0.28%

(續) 表5-2　1998年至2007年臺灣上市公司員工紅利之組成結構(依產業別)

其 它 產 業				
紅利 年度	員工現金 紅利金額 (千元)	佔員工 紅利金 額比例	員工股票紅利 面值(千元)	佔員工 紅利金 額比例
1998	1,446,372	18.84%	204,946	2.67%
1999	1,365,491	11.21%	446,671	3.67%
2000	1,110,767	5.08%	918,693	4.20%
2001	957,260	6.42%	600,087	4.03%
2002	1,664,542	9.29%	852,837	4.76%
2003	2,629,737	9.73%	1,581,215	5.85%
2004	4,697,971	12.64%	2,139,454	5.76%
2005	4,465,436	11.65%	1,880,411	4.91%
2006	4,474,238	8.62%	1,801,710	3.47%
2007	6,167,896	9.02%	2,103,513	3.08%

(續) 表5-2 1998年至2007年臺灣上市公司員工紅利之組成結構(依產業別)

上 市 公 司 ～ 一 般 產 業				
紅利 年度	員工現金 紅利金額 (千元)	佔員工 紅利金 額比例	員工股票 紅利面值 (千元)	佔員工 紅利金 額比例
1998	3,303,431	43.04%	4,372,511	56.96%
1999	3,262,876	26.79%	8,914,606	73.21%
2000	3,681,530	16.83%	18,190,892	83.17%
2001	4,482,645	30.08%	10,421,530	69.92%
2002	6,148,439	34.30%	11,777,903	65.70%
2003	9,544,552	35.30%	17,491,117	64.70%
2004	17,729,981	47.70%	19,436,081	52.30%
2005	20,885,061	54.49%	17,441,891	45.51%
2006	31,717,653	61.10%	20,189,222	38.90%
2007	39,866,514	58.30%	28,515,782	41.70%

(續) 表5-2　1998年至2007年臺灣上市公司員工紅利之組成結構(依產業別)

上 市 公 司 - 金 融 保 險 業				
紅利年度	員工現金紅利金額(千元)	佔員工紅利金額比例	員工股票紅利面值(千元)	佔員工紅利金額比例
1998	80,456	25.75%	232,039	74.25%
1999	24,561	3.48%	681,309	96.52%
2000	269,596	68.80%	122,279	31.20%
2001	116,188	53.23%	102,089	46.77%
2002	130,334	66.34%	66,133	33.66%
2003	471,704	58.73%	331,483	41.27%
2004	559,025	49.98%	559,491	50.02%
2005	693,896	59.42%	473,911	40.58%
2006	1,294,289	91.06%	126,997	8.94%
2007	1,214,122	69.11%	542,760	30.89%

(續) 表5-2 1998年至2007年臺灣上市公司員工紅利之組成結構(依產業別)

紅利 年度	上市公司			
	員工現金 紅利金額 (千元)	佔員工 紅利金 額比例	員工股票紅利 面值(千元)	佔員工 紅利金 額比例
1998	3,383,887	42.36%	4,604,550	57.64%
1999	3,287,437	25.52%	9,595,915	74.48%
2000	3,951,126	17.75%	18,313,171	82.25%
2001	4,598,833	30.41%	10,523,619	69.59%
2002	6,278,773	34.65%	11,844,036	65.35%
2003	10,016,256	35.98%	17,822,600	64.02%
2004	18,289,006	47.77%	19,995,572	52.23%
2005	21,578,957	54.64%	17,915,802	45.36%
2006	33,011,942	61.90%	20,316,219	38.10%
2007	41,080,636	58.57%	29,058,542	41.43%

註: 1. 員工紅利之實際發放年度為紅利年度之次年度。

2. 其它產業為電子工業、化學生技醫、電機機械和建材營造以外之一般產業上市公司。

3. 上市公司＝上市公司-一般產業 ＋ 上市公司-金融保險業。

4. 佔員工紅利金額比例＝產業之員工現金(或股票)紅利金額/【上市公司-一般產業(或金融保險業)員工現金紅利金額＋上市公司-一般產業(或金融保險業)員工股票紅利金額】

表 5-3 變數定義

變　量	公　式
經理人持股比例($MO_{i,t}$)	經理人持有之普通股股數 / 普通股流通在外總股數
獨立董事席次佔全體董事席次之比例($ID_{i,t}$)	獨立董事人數/全體董事人數
股利支付率($DR_{i,t}$)	普通股現金股利總額 / 稅後可分配盈餘
稅後可分配盈餘($ATSP_{i,t}$)	稅後淨利－以前年度虧損－提列之法定盈餘公積－提列之特別盈餘公積
負債淨值比($DE_{i,t}$)	負債總額 / 股東權益總額
資產總額之自然對數($Log(TA_{i,t})$)	Log (資產總額)
股價淨值比($M/B_{i,t}$)	股票市值總額 / 股東權益總額。
研究發展支出密度($RDI_{i,t}$)	研究發展支出總額 / 銷貨收入淨額。
資本支出密度($CI_{i,t}$)	當期固定資產購置總額 / 銷貨收入淨額
薪資水平($LI_{i,t}$)	薪資總額 / 銷貨收入淨額
利率(R_t)	三年期定期存款利率
國民生產毛額成長率($GDPGR_{t+1}$)	下一年度美國國內生產供最終用途的物品及勞務之市場價值成長率
員工股票分紅比例（$ESB(\%)_{i,t}$）	員工股票紅利 / 稅後可分配盈餘
	(a)員工股票分紅比例(以股票市值計算)($ESBM_{i,t}$)　第t＋1年除權日每股之除權價格×分配之員工股票紅利股數 / 稅後可分配盈餘
	(b)員工股票分紅比例(以股票面值計算) ($ESBP_{i,t}$)　普通股每股面值×分配之員工股票紅利股數 / 稅後可分配盈餘

(續)表 5-3 變數定義

變 量	公 式
代理成本(Agency cost $_{i,t}$) 　(a)資產週轉率(ATR $_{i,t}$)	銷貨收入淨額總額／平均資產總額
(b)銷管費用率(SAR $_{i,t}$)	行銷費用及管理費用總額／銷貨收入淨額
(c)稀釋盈餘(DEY $_{i,t}$)	(設算每股盈餘－每股盈餘)／每股普通股12月份 收盤價之月均價
設算每股盈餘(IEPS $_{i,t}$)	【稅後淨利－特別股股利－((t+1) 年除權日每股除 權價格×分配之員工股票紅利股數) 】／普通股流 通在外加權平均股數
股票報酬率(SR $_{i,t}$)	(當期年底每一普通股之收盤價－上期年底每 一普通股之收盤價＋現金股利)／上期年底每 一普通股之收盤價
市場報酬率(Rm $_t$)	所有上市公司加權平均之股票報酬率
行業市場報酬率(Rm $_{Dj,t}$)	同行業上市公司加權平均之股票報酬率
最大公司與最小公司股票 報酬率差異數(SMB $_t$)	年度最大公司的股票報酬率－年度最小公司 的股票報酬率
同行業最大公司與最小公 司股票報酬率差異數 　　　(SMB $_{Dj,t}$)	同行業年度最大公司的股票報酬率－同行業年度最 小公司的股票報酬率
最大股價淨值比公司與最 小股價淨值比公司股票報 酬率差異數(HML $_t$)	年度最大股價淨值比公司的股票報酬率－年度最小 股價淨值比公司的股票報酬率
同行業最大股價淨值比公 司與最小股價淨值比公司 股票報酬率差異數 (HML $_{Dj,t}$)	同行業年度最大股價淨值比公司的股票報酬率－ 同行業年度最小股價淨值比公司的股票報酬率

三、叙述性統計量

本書測試變數之定義請詳表5-3，測試變數之敘述性統計分析列示於表5-4，而測試組與控制組特質差異分析請詳表5-5。由表5-4資料得知執行員工股票分紅之企業平均經理人持股比例0.7948%，無員工股票分紅之企業0.8103%。執行員工股票分紅之企業平均獨立董事佔全體董事之比例0.0974，無員工股票分紅之企業0.0132。執行員工股票分紅之企業平均股利支付率0.4042，無員工股票分紅之企業0.4113。執行員工股票分紅之企業平均負債淨值比0.6904，無員工股票分紅之企業0.8084。執行員工股票分紅之企業平均資產總額之自然對數6.7946，無員工股票分紅之企業6.8057。執行員工股票分紅之企業平均股價淨值比2.1399，無員工股票分紅之企業1.1726。執行員工股票分紅之企業平均研究發展支出密度0.0306，無員工股票分紅之企業0.0120。執行員工股票分紅之企業平均資本支出密度0.0825，無員工股票分紅之企業0.0563。執行員工股票分紅之企業平均薪資水平0.0326，無員工股票分紅之企業0.0477。執行員工股票分紅之企業平均員工股票分紅比例(以股票面值計算)3.58%，平均員工股票分紅比例(以股票市價計算)14.38%，平均稀釋盈餘-0.0155。執行員工股票分紅之企業平均資產週轉率0.9615，無員工股票分紅之企業0.7203。執行員工股票分紅之企業平均銷管費用率0.1231，無員工股票分紅之企業0.1423。執行員工股票分紅之企業平均股票報酬率16.9627%，無員工股票分紅之企業9.0323%。

比較上述兩組資料發現，實行員工股票紅利政策之企業有較低的經理人持股比例、較高的獨立董事席次佔全體董事席次之比例、較高的營運風險(即較低的股利支付率)、較低的財務槓桿(即較低的負債淨值比)、較小的資產總額、較高的成長機會(即較高的股價淨值比)、較高的研究發展支出密度、較高的資本支出密度和較低的薪資水平，而且數據顯示執行員工股票分紅之企業的員工股票分紅比例(以股票市價計算)高達14.38%，因此執行員工股票分紅之企業必須忍受因實施此一政策而導致盈餘稀釋之結果。但執行員工股票分紅的企業比未執行員工股票分紅的企業有較高的資產週轉率和較低的銷管費用率。換言之，執行員工股票分紅之企業的代理成本較低。更出人意料的是執行員工股票分紅之企業的股票報酬率遠大於未實施員工股票分紅之企業。

四、相關分析

　　本書將所有迴歸方程式自變數之Pearson相關分析列示於表5-6。由表5-6中顯示自變數相關係數，除了薪資水平（$LI_{i,t}$）與代理成本的代理變數銷管費用率（$SA_{Ri,t}$）0.864、以面值計算之員工股票分紅比例（$ESB_{Pi,t}$）與以市價計算之員工股票分紅比例（$ESB_{Mi,t}$）0.701及代理成本的代理變數稀釋盈餘（$DE_{Yi,t}$）與以市價計算之員工股票分紅比例（$ESB_{Mi,t}$）-0.764 外，其它自變數之相關係數皆小於0.7。但薪資水平（$L_{Ii,t}$）與銷管費用率（$SA_{Ri,t}$）並未同時為本書任何迴歸方程式之自變數，而稀釋盈餘（$DE_{Y\ i,t}$）與以市價計算之員工股票分紅比例（$ESBM_{i,t}$）分別為員工股票分紅比例與代理成本之關係迴歸方程式之應變數與自變數。以面值計算之員工股票分紅比例（$ESBP_{i,t}$）與以市價計算之員工股票分紅比例（$ESB_{M\ i,t}$）雖同時為迴歸方程式的自變數，但兩者唯一之差別為以市價計算之員工股票分紅比例（$ESB_{M\ i,t}$）之員工股票分紅金額是以市價計算，而以面值計算之員工股票分紅比例（$ESBP_{i,t}$）之員工股票分紅金額是以面值計算，故其Pearson相關係數0.701大於0.7是可以預期的。其它自變數之相關係數皆小於0.7，顯示本書迴歸方程式之自變數間並無高度相關，降低了因共線性造成估計偏誤之疑慮。

表 5-4 敘性統計量

	員工股票分紅之公司		
	平均數	中位數	標準差
員工股票分紅之決定因素：			
公司治理：			
$MO_{i,t}$ (%)	0.7948	0.2300	1.5874
$ID_{i,t}$	0.0974	0.0000	0.1464
營運風險：			
$DR_{i,t}$	0.4042	0.3802	0.6113
財務槓桿：			
$DE_{i,t}$	0.6904	0.5772	0.4946
規模與成長：			
$Log(TA_{i,t})$	6.7946	6.6922	0.5483
$M/B_{i,t}$	2.1399	1.6200	1.8864
產業特性：			
$RDI_{i,t}$	0.0306	0.1927	0.0395
$CI_{i,t}$	0.0825	0.0268	0.1565
$LI_{i,t}$	0.0326	0.0240	0.0489
總體經濟因素：			
R_t	3.0890	2.4300	1.5196
$GDPGR_{t+1}$	2.6900	2.8650	1.2045
結果：			
$ESB(\%)_{i,t}$			
(a) $ESBP(\%)_{i,t}$	0.0358	0.0242	0.0532
(b) $ESBM(\%)_{i,t}$	0.1438	0.0652	0.2418
Agency cost：			
(a)$ATR_{i,t}$	0.9615	0.8100	0.6680
(b)SAR i,t	0.1231	0.0996	0.1157
(c)$DEY_{i,t}$	-0.0155	-0.0050	0.0322
$SR_{i,t}(\%)$	16.9627	4.4955	63.2293

無員工股票分紅之公司		
平均數	中位數	標準差
0.8103	0.0400	2.2115
0.0132	0.0000	0.0582
0.4113	0.0000	1.3035
0.8084	0.6581	0.7190
6.8057	6.7750	0.4992
1.1726	0.9400	0.8463
0.0120	0.0000	0.1112
0.0563	0.0254	0.1097
0.0477	0.0290	0.0760
3.0890	2.4300	1.5196
2.6900	2.8650	1.2045
0.0000	0.0000	0.0000
0.0000	0.0000	0.0000
0.7203	0.6100	0.5298
0.1423	0.0961	0.2469
0.0000	0.0000	0.0000
9.0323	-0.5900	56.4325

註：符號定義如下：

　　$MO_{i,t}$：經理人持股比例。

　　$ID_{i,t}$：獨立董事席次佔全體董事席次之比例。

　　$DR_{i,t}$：股利支付率。

　　$DE_{i,t}$：負債淨值比。

　　$Log(TA_{i,t})$：Log(資產總額)。

　　$M/B_{i,t}$：股價淨值比。

　　$RDI_{i,t}$：研究發展支出密度。

　　$CI_{i,t}$：資本支出密度。

　　$LI_{i,t}$：薪資水準。

　　R_t：三年期定期存款利率。

　　$GDPGR_{t+1}$：下年度美國實質國民生產毛額成長率。

　　$ESB(\%)_{i,t}$：稅後可分配盈餘分配為員工股票紅利之比例。

　　$ESBP_{i,t}$：稅後可分配盈餘分配為員工股票紅利(以股票面值計算)之比例，
　　　　　　即為以面值計算之員工股票分紅比例。

　　$ESBP_{i,t}$＝普通股每股面值×分配之員工股票紅利股數 / 稅後可分配盈餘。

　　$ESBM_{i,t}$：以市價計算之員工股票分紅比例。

　　$ESBM_{i,t}$＝第t＋1年除權日每股之除權價格×分配之員工股票紅利股數 /
　　　　　　稅後可分配盈餘。

　　Agency cost：代理成本。

　　$ATR_{i,t}$：資產週轉率。

　　$SAR_{i,t}$：銷管費用率。

　　$DEY_{i,t}$：稀釋盈餘。

　　$SR_{i,t}(\%)$：股票報酬率。

表 5-5 員工股票分紅公司與無員工股票分紅公司員工股票紅利假說之
　　　T檢定和無母數檢定

決定因素	T檢定		無母數檢定	
	t 統計量	顯著性[a] (雙尾)	Kolmogorv –Smirnov Z 統計量	顯著性[b] (雙尾)
公司治理：				
$MO_{i,t}$(%)	-0.290	0.772	8.473	0.000***
$ID_{i,t}$	24.264	0.000***	9.843	0.000***
營運風險：				
$DR_{i,t}$	-0.262	0.793	7.105	0.000***
財務槓桿：				
$DE_{i,t}$	-6.927	0.000***	3.012	0.000***
規模與成長：				
$Log(TA^{i,t})$	-0.729	0.466	2.589	0.000***
$M/B_{i,t}$	21.364	0.000***	11.564	0.000***
產業特性：				
$RDI_{i,t}$	8.518	0.000***	16.479	0.000***
$CI_{i,t}$	6.472	0.000***	2.580	0.000***
$LI_{i,t}$	-8.565	0.000***	3.875	0.000***
結果：				
$ESB(\%)_{i,t}$				
(a)$ESBP_{i,t}$	29.800	0.000***	20.903	0.000***
(b)$ESBM_{i,t}$	26.286	0.000***	21.268	0.000***
代理成本：				
(a)$ATR_{i,t}$	13.529	0.000***	6.917	0.000***
(b)SAR i,t	-3.740	0.000***	2.019	0.001***
(c)$DEY_{i,t}$	-21.316	0.000***	21.268	0.000***
$SR_{i,t}$(%)	4.531	0.000***	2.025	0.001***

註　1.[a]t 檢定的數值表示兩組樣本平均數之差異。

　　[b]Kolmogorov-Smirnov Z檢定的數值表示兩組樣本機率分配之差異。

　　2.代號請詳表5-4之註解。

　　3.“ *** ”表示在1%顯著水準下，“ ** ”表示在5%顯著水準下，“ * ”
　　　表示在10%顯著水準下，該係數是顯著的。

表 5-6 自變數 Pearson 相關係數矩陣

	$MO_{i,t}$	$ID_{i,t}$	$DR_{i,t}$	$DE_{i,t}$	$Log(TA_{i,t})$	$M/B_{i,t}$	$RDI_{i,t}$	$CI_{i,t}$	$LI_{i,t}$	R_t
$MO_{i,t}$										
$ID_{i,t}$	.132***									
$DR_{i,t}$	.015	.058***								
DE i,t	-.004	-.029	-.097***							
Log(TA)	-.138***	-.078***	.049***	.133***						
$M/B_{i,t}$	.006	.166***	.007	-.110***	.017					
$RDI_{i,t}$	-.012	.103***	-.022	-.107***	-.064***	.131***				
$CI_{i,t}$	-.033**	-.021	-.058***	-.018	.150***	.066***	.032**			
$LI_{i,t}$	.051***	-.065***	-.001	-.088***	-.165***	-.060***	.386***	.073***		
R_t	-.077***	-.273***	-.084***	-.030**	-.019	.085***	-.048***	.166***	.020	
$GDPGR_{t+1}$	.040***	.020	-.007	.023	-.019	.091***	-.005	.008	.001	-.071
$ESBP_{i,t}$	.024*	.185***	.026*	-.063***	-.067***	.230***	.088***	.029**	-.088***	-.020
$ESBM_{i,t}$	.003	.151***	-.006	-.100***	-.027*	.576***	.119***	.055***	-.092***	.061
$ATR_{i,t}$	.097***	.238***	.039***	.138***	-.040***	.230***	-.073***	-.236***	-.221***	-.050
$SAR_{i,t}$	.021	-.021	-.014	-.091***	-.140***	.006	.691***	.082***	.864***	-.004
$DEY_{i,t}$	.007	-.063***	.038***	.060***	.065***	-.472***	-.080***	.057***	.075***	-.130
Rm_t	.057***	.118***	.037***	-.012	.017	.125***	.022	-.062***	.008	-.329
SMB_t	.051***	.218***	.058***	.011	.026*	-.132***	.036***	-.099***	-.020	-.594
HML_t	.009	.021	.005	-.003	.002	.089***	.012	-.008	.009	.056
$Rm_{Dj,t}$	.035**	.058***	.010	-.010	.016	.214***	.022	-.052***	-.007	-.318
$SMB_{Dj,t}$	.049***	.091***	.036**	.005	.003	-.186***	-.010	-.053***	-.002	-.187
$HML_{Dj,t}$	.037***	.260***	-.021	-.046***	.000	.303***	.109***	.042***	-.087***	.021

PGR$_{t+1}$	ESBP$_{i,t}$	ESBM$_{i,t}$	ATR$_{i,t}$	SAR$_{i,t}$	DEY$_{i,t}$	Rm$_t$	SMB$_t$	HML$_t$	Rm$_{Dj,t}$	SMB$_{Dj,t}$
015										
027*	.701***									
002	.191***	.203***								
001	-.051***	-.029**	-.220***							
010	-.424***	-.764***	-.231***	.032**						
385***	-.001	.024*	.011	.013	.083***					
080***	-.013	-.091***	.053***	-.004	.086***	-.348***				
278***	-.014	.048***	.000	.011	.023	.555***	-.268***			
237***	.026*	.095***	.023	-.003	.012	.588***	-.120***	.279***		
099***	-.084***	-.191***	.002	.002	.161***	-.046***	.248***	-.190***	-.144***	
024*	.200***	.270***	.154***	-.034**	-.142***	.317***	-.083***	.515***	.398***	-.196***

註：1. "＊＊＊" 表示在1%顯著水準下，"＊＊" 表示在5%顯著水準下，
"＊" 表示在10%顯著水準下，該係數是顯著的。

2. 符號定義如下：

$MO_{i,t}$：經理人持股比例。

$ID_{i,t}$：獨立董事席次佔全體董事席次之比例。

$DE_{i,t}$：負債淨值比。

$Log(TA_{i,t})$：Log(資產總額)。

$CI_{i,t}$：資本支出密度。

$LI_{i,t}$：薪資水準。

R_t：三年期定期存款利率。

$GDPGR_{t+1}$：下年度美國實質國民生產毛額成長率。

$ESBP_{i,t}$：以股票面值計算之員工股票分紅比例。

$ESBP_{i,t}$＝普通股每股面值×分配之員工股票紅利股數 / 稅後可分配盈餘。

$SBM_{i,t}$：以股票市價計算之員工股票分紅比例。

$ESBM_{i,t}$：＝第 t＋1年除權日每股之除權價格×分配之員工股票紅利股數 / 稅後可分配盈餘。

$DR_{i,t}$：股利支付率。

$SAR_{i,t}$：銷管費用率。

$M/B_{i,t}$：股價淨值比。

$DEY_{i,t}$：稀釋盈餘。

$ATR_{i,t}$：資產週轉率。

$R_{m,t}$：第 t 年市場報酬率(即所有上市公司加權平均之股票報酬率)。

$RDI_{i,t}$：研究發展支出密度。

SMB_t：第 t 年最大公司的股票報酬率與同一年度最小公司的股票報酬率之差。

HML_t：第 t 年最大股價淨值比企業的股票報酬率與同一年度最小股價淨值比企業的股票報酬率之差額。

$R_{m,Dj,t}$：第 t 年所有同行業市場報酬率(即同行業上市公司加權平均之股票報酬率)。

$SMB_{Dj,t}$：第 t 年同行業最大公司的股票報酬率與同一年度同行業最小公司的股票報酬率之差額。

$HML_{Dj,t}$：第 t 年同行業最大股價淨值比企業的股票報酬率與同一年度同行業最小股價淨值比企業的股票報酬率之差額。

第六章
實證結果與分析

第一節　實行員工股票紅利政策之決定因素之實證結果

　　實證模型1之實證結果請詳表6-1，從表6-1中得知擁有較低經理人持股比例、較高獨立董事席次佔全體董事席次之比例的企業實施員工股票分紅政策的機率是顯著較高的，因此接受假說1之假說，但不支持假說2之假說。此種結果可能因大部分發放股票紅利給員工之臺灣企業屬高科技產業、外銷導向且由專業經理人經營之企業。這些企業通常需要更多具有專業知識及熟悉行業特性的人士來擔任獨立董事，以便有效的監督董事會之決策。大部份未分紅配股給員工之臺灣企業都屬傳統產業且屬家族型企業，獨立董事的設置與否並不是那樣重要。因此僅有少數的傳統產業企業設置獨立董事。但當企業有較低的股利支付率(即較高的營運風險)時，發放員工股票紅利的機率反而顯著較高，因此假說3不成立。假說3不成立之原因可能因為實行員工股票分紅政策之臺灣企業大部分屬高科技電子產業。臺灣電子業在全球經濟劇烈競爭的環境下，許多企業的銷貨毛利率劇烈下滑。當經營的環境越來越困難，企業面臨的經營風險相對提高，對於資金之運用更趨謹慎。為了保持適當的財務彈性。因此企業以發放員工股票紅利的方式來獎勵員工。另外具有較低財務槓桿(即負債淨值比較低)與較少資產之企業(即較小之企業)實行員工股票分紅政策的機率是顯著較高的，因此不接受假說4，但接受假說5之假說。此一實證之結果確實是令人驚訝的，但確相對的顯示出當公司規模較大時，可能因為資金較為穩定且資訊的不對稱性較低導致資金成本相對較低，以致企業較喜歡以現金紅利之方式來獎酬員工。此一實證之結果另一方面也傳達出發放股票紅利給員工之臺灣企業審慎的在做債務與現金流量管理之訊息。正如同先前預測的，擁有較高股價淨值比 (即較高成長率)、較高研究發展支出密度、較高資本支出密度和較低薪資水準之企業執行員工股票分紅的機率是顯著較高的，因此支持假說6和假說7。最後當利率低和預期下期美國實質國民生產毛額成長率降低時，企業執行員工股票分紅的機率是顯著較高的，因此接受假說8與假說9。

表 6-1 實行員工股票紅利政策之機率分析

影響員工股票分紅決策之因素	預期符號	係 數	e Cofficient	Wald統計量	顯著性(雙尾)
公司治理:					
$MO_{i,t}$	−	-0.051	0.951	6.832	0.009***
$ID_{i,t}$	−	6.355	575.122	205.412	0.000***
營運風險:					
$DR_{i,t}$	+	-0.063	0.939	3.211	0.073*
財務槓桿:					
$DE^-_{i,t}$	+	-0.213	0.808	13.078	0.000***
規模與成長:					
$Log(TA_{i,t})$	−	-0.158	0.854	5.193	0.023**
$M/B_{i,t}$	+	0.689	1.991	256.346	0.000***
產業特性:					
$RDI_{i,t}$	+	9.239	10,291.962	41.021	0.000***
$CI_{i,t}$	+	2.443	11.506	47.930	0.000***
$LI_{i,t}$	−	-7.360	0.001	66.436	0.000***
總體經濟因素					
R_t	−	-0.151	0.860	33.276	0.000***
$GDPGR_{t+1}$	−	-0.194	0.823	39.617	0.000***
常 數		1.360	3.895	7.418	0.006***
合適度檢定	統計量				
-2 Log likelihood statistic	5,269.250				
Cox & Snell R_2	24.80%				
Nagelkerke R_2	33.60%				
Hosmer and Lemeshow 檢定之卡方統計量	59.683***				

(續) 表 6-1 實行員工股票紅利政策之機率分析

$$\rho(y_{i,t}) = e^{y_{i,t}}$$

$$y_{i,t} = B_0 + B_1 \times MO_{i,t} + B_2 \times ID_{i,t} + B_3 \times DR_{i,t} + B_4 \times DE_{i,t}$$
$$+ B_5 \times Log(TA_{i,t}) + B_6 \times M/B_{i,t} + B_7 \times RDI_{i,t} + B_8 \times CI_{i,t}$$
$$+ B_9 \times LI_{i,t} + B_{10} \times R_t + B_{11} \times GDPGR_{t+1} + \varepsilon_{i,t} \qquad (1)$$

註：

1. " *** " 表示在1%顯著水準下， " ** " 表示在5%顯著水準下， " * " 表示在10%顯著水準下，該係數是顯著的。

2. 應變數$y_{i,t}$ 虛擬變數，如果公司實行員工股票紅利政策虛擬變數等於1，其它等於0。

3. 符號定義如下：

MO$_{i,t}$：經理人持股比例。

ID$_{i,t}$：獨立董事席次佔全體董事席次之比例。

DR$_i$：股利支付率。

DE$_{i,t}$：負債淨值比。

Log(TA$_{i,t}$)：Log(資產總額)。

M/B$_{i,t}$：股價淨值比。

RDI$_{i,t}$：研究發展支出密度。

CI$_{i,t}$：資本支出密度。

LI$_{i,t}$：薪資水準。

R$_t$：三年期定期存款利率。

GDPGR$_{t+1}$：下年度美國實質國民生產毛額成長率。

本書所做員工股票分紅決策影響因素之實證結果大致與
Chen and Lin(2008)一致，惟有經理人持股比例與股利支付率
這兩個影響因素有差異。其原因可能為樣本選定期間之差異
所導致，Chen and Lin樣本期間為1989年至2006年，而本書樣
本期間為1998年至2007年。本書研究結果證實經理人持股比例
越低之企業執行員工股票分紅的機率越高，與 Chen and Lin 研
究結論相反可能是因為大部分發放股票紅利給員工之臺灣企業
屬高科技產業。高科技產業的產品生命週期短、經營風險高、
資本投資高又需不斷的研發創新，因此資金之需求量大，企業
需不斷的增資配股以滿足資金的需求。在股本持續膨脹的狀況
下，經理人持股比例相對越來越低。此外，近十年經營環境較
以往更加困難，許多高科技產業的銷貨毛利率大幅下跌，使得
企業經營轉趨保守謹慎。當經營風險提高時，企業可能變得更
吝於發放現金紅利予員工以避免現金短缺，而改以發放股票獎
勵員工。

第二節　員工股票分紅比例決策之實證結果

　　實證模型2之實證結果請詳表6-2，在表6-2中員工股票分紅比例分別以股票面值和股票市價(即除權日之除權價格)兩種方式計算董事會願意將稅後可分配盈餘以股票的方式分配給員工之比例(即員工股票分紅比例)。實證結果顯示當公司擁有較高的股利支付率、較低的資產、較高的股價淨值比、較高的研究發展支出密度、較低的薪資水準(即較低的勞力密集度)和較高的利率時，不論員工股票分紅比例是以股票面值計算或者是以股票市價計算，企業願意將較高的稅後可分配盈餘以股票的方式分配給員工。值得注意的是員工股票分紅比例若以股票市價計算，當企業擁有較低的負債淨值比時，企業願意將較高的稅後可分配盈餘以股票的方式分配給員工。但這樣的結論卻不適用於以股票面值計算之員工股票分紅比例。以股票面值計算之員工股票分紅比例與負債淨值比之間的相關係數為零且不顯著。此一實證之結果可能意味著負債淨值比越低的公司財務結構越健全，因此股價上升以反映投資者對具有優良財務結構企業之認同。另一方面，員工股票分紅比例若以股票面值計算，當企業擁有較高的獨立董事席次佔全體董事席次之比例和預期下年度美國實質國民生產毛額成長率較高時，企業願意將較高的稅後可分配盈餘以股票的方式分配給員工。這樣的實證之結果可能意味著當企業擁有較高獨立董事席次佔全體董事席次之比例時，公司治理狀況較好，若預期未來經濟景氣較好時，企業願意發放較多的股票來酬勞員工。

　　本書所做影響員工股票分紅比例因素之實證結果與Chen and Lin (2008) 不同之處為Chen and Lin (2008) 實證結果顯示不論是以股票市價計算或者是以股票面值計算之員工股票分紅比例和獨立董事席次佔全體董事席次之比例為顯著的正相關，與負債淨值比為顯著的負相關。但本書研究結果發現獨立董事席次佔全體董事席次之比例與以股票市價計算之員工股票分紅比例之間沒有顯著的正向相關係，且負債淨值比和以股票面值計算之員工股票分紅比例之間不存在顯著的負向關係。此外，本書研究指出股利支付率與員工股票分紅比例(以股票面值計算和以股票市價計算) 呈現顯著的正相關，但在Chen and Lin (2008) 對此論點無顯著的證據支持。探討資產規模對以市價計算之員工股票分紅比例的影響，本書發現資產規模與員工股票分紅比例(以股票面值計算和以股票市價計算)呈現顯著的負相關，而Chen and Lin (2008) 證實資產規模與股票市價計算之員工股票分紅比例為顯著的正相關。另一個差異點為本書以股票面值計算或以股票市價計算之員工股票分紅比例與股價淨值比間呈現顯著的正相關，但Chen and Lin (2008) 實證結果顯示以股票面值計算之員工股票分紅比例與股價淨值比卻是顯著的負相關。兩者發生差異之原因可能如前所述為樣本選定期間之差異所導致。尤其近幾年來企業的經營環境變得更加競爭，使得企業對資金的運用越趨謹慎並盡可能的避免現金支付。另一方面，規模較小的企業可能資金較不充裕，因此感受的經濟環境壓力越大，可能導致規模較小的企業較樂於發放更多的股票紅利獎勵員工。此外，企業為紓解資金壓力也可能使得員工股票分紅比例隨著股利支付率增減而增減。而企業的成長機會與員工股票分紅比例呈正相關較之理由或許可以解釋為在以前外在經營條件較好的前提下，企業獲利能力較高，並對未來樂觀充滿希望。在優渥的經營環境下，企業對於資金的使用、控制較為寬鬆。當成長機會越高時，企業可能會發放更多的現金紅利以激勵員工追求企業更大的成長，相對給與員工的股票紅利就會較少。但最近幾年企業的經營變得越來越困難，當企業有成長機會時，企業可能希望保留更多的資金以追求未來更好的發展。因此企業可能比較喜歡以發放股票紅利的方式來獎勵員工，員工股票分紅不但可以激勵員工達成企業目標，並可使企業保持財務彈性以因應越來越險峻的經營環境和追求企業更寬廣的未來。

表 6-2 員工股票紅利政策之決定因素與員工股票分紅比例之關係

應變數		ESBP$_{i,t}$			ESBM$_{i,t}$	
自變數	預期符號	係 數	t 統計量	預期符號	係 數	t 統計量
常數		0.000	0.000		0.000	0.000
Dummy$_{i,t}$	＋	0.070	6.628***	＋	0.016	0.393
Dummy$_{i,t}$ × MO$_{i,t}$	＋	0.001	1.567	＋	0.000	-0.231
Dummy$_{i,t}$ × ID$_{i,t}$	？	0.018	3.291***	？	0.030	1.463
Dummy$_{i,t}$ × DR$_{i,}$	＋	0.006	5.188***	＋	0.009	1.878*
Dummy$_{i,t}$ × DE$_{i,t}$	－	0.000	0.233	－	-0.017	-2.823***
Dummy$_{i,t}$ × Log(TA$_{i,t}$)	＋	-0.009	-5.914***	＋	-0.011	-1.973**
Dummy$_{i,t}$ × M/B$_{i,t}$	＋	0.003	7.106***	＋	0.067	42.966***
Dummy$_{i,t}$ × RDI$_{i,t}$	？	0.130	6.630***	？	0.627	8.448***
Dummy$_{i,t}$ × CI$_{i,t}$	？	0.003	0.591	？	0.010	0.532
Dummy$_{i,t}$ × LI$_{i,t}$	？	-0.091	-5.882***	？	-0.286	-4.910***
Dummy$_{i,t}$ × R$_t$	＋	0.003	3.864***	＋	0.016	6.276***
Dummy$_{i,t}$ × GDPGR$_{t+1}$	＋	0.002	2.208**	＋	0.004	1.312
合適度						
R²		19.10%			41.80%	
Adjusted R²		18.90%			41.70%	
F 值		98.938***			300.334***	

(續)表 6-2 員工股票紅利政策之決定因素與員工股票分紅比例之關係

$$
\begin{aligned}
\text{ESB(\%)}_{i,t} = {} & \alpha_0 + \alpha_1 \times \text{Dummy}_{i,t} + \alpha_2 \times \text{Dummy}_{i,t} \times \\
& \text{MO}_{i,t} + \alpha_3 \times \text{Dummy}_{i,t} \times \text{ID}_{i,t} + \alpha_4 \times \text{Dummy}_{i,t} \\
& \times \text{DR}_{i,t} + \alpha_5 \times \text{Dummy}_{i,t} \times \text{DE}_{i,t} + \alpha_6 \times \text{Dummy}_{i,t} \\
& \times \text{Log(TA}_{i,t}) + \alpha_7 \times \text{Dummy}_{i,t} \times \text{M/B}_{i,t} + \alpha_8 \\
& \times \text{Dummy}_{i,t} \times \text{RDI}_{i,t} + \alpha_9 \times \text{Dummy}_{i,t} \times \text{CI}_{i,t} + \\
& \alpha_{10} \times \text{Dummy}_{i,t} \times \text{LI}_{i,t} + \alpha_{11} \times \text{Dummy}_{i,t} \\
& \times \text{R}_t + \alpha_{12} \times \text{Dummy}_{i,t} \times \text{GDPGR}_{t+1} + \varepsilon_{i,t} \quad\quad (2)
\end{aligned}
$$

註："***"表示在 1% 顯著水準下，"**"表示在 5% 顯著水準下，

"*" 表示在10% 顯著水準下，該係數是顯著的。

$\text{ESBP}_{i,t}$：以股票面值計算之員工股票分紅比例。

$\text{ESBP}_{i,t}$＝普通股每股面值×分配之員工股票紅利股數 / 稅後可分配盈餘。

$\text{ESBM}_{i,t}$：以股票市價計算之員工股票分紅比例。

$\text{ESBM}_{i,t}$＝第 t＋1年除權日每股之除權價格 ×分配之員工股票紅利股數 / 稅後

可分配盈餘。

$\text{Dummy}_{i,t}$：如果公司實行員工股票紅利政策$\text{Dummy}_{i,t}$等於1，其它等於0。

$\text{MO}_{i,t}$：經理人持股比例。

$\text{ID}_{i,t}$：獨立董事席次佔全體董事席次之比例。

$\text{DR}_{i,t}$：股利支付率。

$\text{DE}_{i,t}$：負債淨值比。

$\text{Log(TA}_{i,t})$：Log(資產總額)。

$\text{M/B}_{i,t}$：股價淨值比。

$\text{RDI}_{i,t}$：研究發展支出密度 。

$\text{CI}_{i,t}$：資本支出密度。

$\text{LI}_{i,t}$ ：薪資水準。

R_t：三年期定期存款利率。

GDPGR_{t+1}：下年度美國實質國民生產毛額成長率 。

第三節　員工股票分紅比例與代理成本之關係之實證結果

　　實證模型3之實證結果請詳表6-3，從表6-3中得知實行員工股票紅利政策之企業與資產週轉率呈現顯著的正相關，與銷管費用率和稀釋盈餘為顯著的負相關。因此如果將實行員工股票紅利政策之企業與未實行員工股票紅利政策之公司相比較，發放員工股票紅利之企業其員工與股東之間顯然具有顯著較低的代理成本(即較高的資產週轉率、較低的銷管費用率和較低的稀釋盈餘)。在所有條件相同的情況下，若以資產週轉率做為代理成本之逆代理變數，代理成本與經理人持股比例、獨立董事佔全體董事席次之比例、負債淨值比間存在顯著的正向關係，顯示當企業擁有較高的經理人持股比例、獨立董事席次佔全體董事席次之比例、財務槓桿和成長機會時，其資產週轉率越高(即代理成本越低)。反之，代理成本與Log(資產總額)為顯著的負相關，反映出企業規模越大，資產週轉率越低。如果以銷管費用率做為代理成本之代理變數，銷管費用率與負債淨值比和Log(資產總額)為顯著的負相關，表示財務槓桿和企業規模越大時，代理成本越低。另一方面，銷管費用率與股價淨值比間呈現顯著的正向關係，表示當企業具有較高成長機會時，其代理成本相對較高。此外，如果以分配員工股票紅利所產生之稀釋盈餘做為代理成本之代理變數，稀釋盈餘與獨立董事席次佔全體董事席次之比例和Log(資產總額)為顯著的正向關係，與負債淨值比為顯著的負向關係，顯示具有較高獨立董事席次佔全體董事席次之比例和較大資產規模之企業，其代理成本相對較高。對於擁有較大負債淨值比之企業，其代理成本相對較低。

在所有條件相同的情況下，若以資產規模週轉率做為代理成本之逆代理變數，資產規模週轉率與$ESBP_{i,t}$(表以股票面值計算之員工股票分紅比例)和$ESBM_{i,t}$(表以股票市價計算之員工股票分紅比例)為顯著的正向關係。但和$ESBM_{i,t}$平方呈現顯著的負向關係。假設$ESBP_{i,t}$之數值分別為1%、2% 和3%，在其它條件相同且統計上達到顯著水準的前提下，資產週轉率會分別增加0.983%、1.966% 和2.949%。如果$ESBM_{i,t}$之數值分別 1%、2% 和3%，資產規模週轉率會分別增加0.253%、0.506% 和0.759%。資產規模週轉率與$ESBP_{i,t}$ 和$ESBM_{i,t}$平方之間為非綫性的遞增曲線。如果以分配員工股票紅利所產生之銷管費用率為代理成本之代理變數，銷管費用率與$ESBP_{i,t}$ (表以股票面值計算之員工股票分紅比例)之相關係數-0.184，呈現顯著的負向關係。

在所有條件相同且統計上達到顯著水平的前提下，如果以分配員工股票紅利所產生之稀釋盈餘做為代理成本之代理變數，稀釋盈餘與$ESBP_{i,t}$(表以股票面值計算之員工股票分紅比例)和$ESBM_{i,t}$平方呈顯著的正向關係，但與$ESBM_{i,t}$ (表以股票市價計算之員工股票分紅比例)為顯著的負向關係。假設$ESBP_{i,t}$之數值分別為1%、2% 和3%，在其它條件相同且統計上達到顯著水準的前提下，則代理成本會分別增加0.156%、

0.312% 和0.468%。若是以員工股票分紅實際價值(即每股除權價格)的觀點來計算員工股票分紅比例(即$ESBM_{i,t}$)。假設$ESBM_{i,t}$分別為1%、2% 和3%，在其它條件相同且統計上達到顯著水準的前提下，則代理成本之代理變數(稀釋盈餘)則會分別減少0.127%、0.254% 和0.381%。代理成本與$ESBM_{i,t}$和$ESBM_{i,t}$平方之間為非綫性的遞減曲線。

依據代理成本實證模型(3)，假設所有條件相同的情況下，影響代理成本的兩個主要因素為$ESBP_{i,t}$ 和$ESBM_{i,t}$。$ESBP_{i,t}$因使用固定金額的面值計算員工股票分紅比例，所以$ESBP_{i,t}$的變動主要來自員工分紅配股股數的變動。$ESBM_{i,t}$ 的變動主要來自員工分紅配股股數的變動和每股除權價格的變動。在發放給員工一既定普通股股數下，$ESBMi,t$的變動主要來每股除權價格的變動。由實證模型(3)之實證結果(請詳表6-3)顯示代理成本對員工分紅配股股數之變動比普通股每股除權價格之變動更加敏感。

若以稀釋盈餘做為員工股票分紅所產生的代理成本之代理變數，表6-3的研究結果顯示代理成本會隨著員工分紅配股股數的增減而增減，隨著員工分紅配股每股除權價格的增加(減少)而減少(增加)。但代理成本對員工分紅配股股數之變動比普通股每股除權價格之變動更加敏感。因此在員工分紅配股股數增加，且每股除權價格也相對增加的情況下，$ESBP_{i,t}$和$ESBM_{i,t}$皆會增加，使得代理成本增加。若分配給員工紅利之股數增加，但每股除權價格卻相對下跌，$ESBP_{i,t}$ 將會增加，而$ESBM_{i,t}$ 可能會增加或減少。在員工分紅配股股數增加的前提下，不管每股除權價格如何變動皆使得代理成本增加。反

之，在分配給員工普通股股數減少，但每股除權價格卻相對
增加的前提下，導致$ESBP_{i,t}$減少而$ESBM_{i,t}$可能增加或減少。
在員工分紅配股股數減少的前提下，不管每股除權價格如何
變動，皆使得代理成本減少。若發放給員工普通股股數減少
且每股除權價格卻相對下跌的情況下，$ESBP_{i,t}$和$ESBM_{i,t}$皆會
減少。$ESBP_{i,t}$和$ESBM_{i,t}$相互作用之結果使得代理成本減少。
員工分紅配股股數、每股除權價格與代理成本間之關係請詳表
6-4。

表 6-3　員工股票分紅比例與代理成本之關係

應變數 自變數	資產週轉率(ATR_{i,t}) (代理成本之逆向代理變數) 預期符號	係數	t統計量	銷管費用率(SAR i,t) (代理成本之代理變數) 預期符號	係數	t統計量	稀釋盈餘(DEY_{i,t}) (代理成本之代理變數) 預期符號	係數	t統計量
常數		0.777	7.186***		0.464	14.250***		-0.022	-7.165***
$Dummy_{i,t}$	+	0.072	3.727***	+	-0.016	-2.656***	+	-0.005	-8.539***
$ESBP_{i,t}$	?	0.983	2.735***	-	-0.184	-1.701*	?	0.156	15.486***
$(ESBP_{i,t})^2$	?	0.294	0.484	?	0.181	0.990	?	-0.014	-0.800
$ESBM_{i,t}$	?	0.253	2.293**	?	-0.028	-0.832	?	-0.127	-41.078***
$(ESBM_{i,t})^2$	?	-0.173	-3.406***	?	0.015	0.997	?	0.004	2.728***
$MO_{i,t}$	+	0.022	4.966***	-	0.001	0.433	-	5.74×10^{-5}	0.454
$ID_{i,t}$	+	0.789	11.408***	-	-0.020	-0.955	-	0.013	6.618***
$DE_{i,t}$	-	0.193	13.803***	+	-0.024	-5.629***	+	-0.001	-3.508***
$Log(TA_{i,t})$	-	-0.047	-2.993***	-	-0.045	-9.471***	+	0.003	7.381***
$M/B_{i,t}$	+	0.068	10.349***	+	0.003	1.723*	+	0.000	1.641*
合適度									
R^2		14.70%			3.20%			61.80%	
Adjusted R^2		14.50%			3.00%			61.80%	
F 值		87.357***			16.926***			822.332***	

(續)表 6-3 員工股票分紅比例與代理成本之關係

$$\text{Agency cost}_{i,t} = \theta_0 + \theta_1 \times \text{Dummy}_{i,t} + \theta_2 \times \text{ESBP}_{i,t} + \theta_3 \times$$
$$【\text{ESBP}_{i,t}】^2 + \theta_4 \times \text{ESBM}_{i,t} + \theta_5 \times 【\text{ESBM}_{i,t}】^2$$
$$+ \theta_6 \times \text{MO}_{i,t} + \theta_7 \times \text{ID}_{i,t} + \theta_8 \times \text{DE}_{i,t} + \theta_9 \times$$
$$\text{Log(TA}_{i,t}) + \theta_{10} \times \text{M/B}_{i,t} + \xi_{i,t} \qquad (3)$$

註: " *** " 表 1% 顯著水準， " ** " 表 5% 顯著水準，

" * " 表 10% 顯著水準下，該係數是顯著的。

Agency cost：代理成本，代理成本之逆代理變數為資產週轉率($\text{ATR}_{i,t}$)，代理

成本之代理變數為銷管費用率($\text{SAR}_{i,t}$) 與稀釋盈餘 ($\text{DEY}_{i,t}$)

$\text{Dummy}_{i,t}$：如果公司執行員工股票紅利政策$\text{Dummy}_{i,t}$等於1，其它等於 0；

$\text{ESBP}_{i,t}$ ：以股票面值計算之員工股票分紅比例。

$\text{ESBP}_{i,t}$ ＝普通股每股面值 × 分配之員工股票紅利股數 / 稅後可分配盈餘

$\text{ESBM}_{i,t}$：以股票市價計算之員工股票分紅比例。

$\text{ESBM}_{i,t}$＝第t＋1年除權日每股之除權價格 × 分配之員工股票紅利股數 / 稅後
可分配盈餘

$\text{MO}_{i,t}$ ：經理人持股比例。

$\text{ID}_{i,t}$ ：獨立董事席次佔全體董事席次之比例。

$\text{DE}_{i,t}$ ：負債淨值比。

$\text{Log(TA}_{i,t})$：Log(資產總額)。

$\text{M/B}_{i,t}$ ：股價淨值比。

表 6-4 員工分紅配股股數、每股除權價格與代理成本間之關係減少

代理成本		員工分紅配股股數	
		增 加	減 少
每股除權價格	增 加	$(ESBP_{i,t} \uparrow , ESBM_{i,t} \uparrow)$ 增 加	$(ESBP_{i,t} \downarrow , ESBM_{i,t} \uparrow)$ 減 少
	減 少	$(ESBP_{i,t} \uparrow , ESBM_{i,t} \downarrow)$ 增 加	$(ESBP_{i,t} \downarrow , ESBM_{i,t} \downarrow)$ 減 少

註：

$ESBP_{i,t}$＝員工分紅配股股數×每股股票面值／稅後可分配盈餘。

$ESBM_{i,t}$＝員工分紅配股股數×每股除權價格／稅後可分配盈餘。

第四節　激勵效果之實證結果

在實證模型(4)、模型(5)、模型(6)和模型(7)中，(a)表示係以資產週轉率做為代理成本之逆代理變數，(b)表示係以銷管費用率做為代理成本之代理變數，(c)表示係以稀釋盈餘做為代理成本之代理變數。假設在其它條件相同的情況下，每個實證模型皆分別以資產週轉率、銷管費用率和稀釋盈餘做為代理成本之代理變數進行實證研究。實證模型(4)和模型(5)排除了行業特性上的差異，而實證模型(6)模型(7)則將行業特性列入考慮。表6-5顯示了員工股票分紅政策對當期和下期股票報酬率之影響。從表中得知若以稀釋盈餘做為代理成本之代理變數，執行員工股票分紅企業之代理成本與當期和下期的股票報酬率皆呈現顯著的負向關係。這可能意味著企業執行員工股票紅利政策時，並未依照員工真正創造的產出分配員工股票紅利。

企業實行員工股票紅利政策最主要的目的是去激勵他們的員工，使企業價值最大。依據這樣的目標，企業期望員工會更審慎的使用企業資源以期稅後可分配盈餘最大，以致股東願意將股價的提升轉化為較多的股票紅利給予員工。但企業價值的增加可能跟不上發放股票紅利所產生的稀釋效果，因而導致後續期間股票報酬率降低。此外，表6-5實證結果出人意料的是SMB_t(表年度最大公司的股票報酬率與同一年度最小公司的股票報酬率之差額)與預期符號不同，發生差異之原因可能是行業上股票報酬率差異所導致。若將行業特性差異列入考慮，從實證模型(6)和(7)之研究結果發現$SMB_{Dj,t}$(表年度同行業最大公司的股票報酬率與同一年度同行業最小公司的股票報酬率之差額) 與預期符號相符，反映出大公司股票報酬率較小公司股票報酬率低之結果。

　　考慮了行業上特性的差異，並假設在其它條件相同的情況下，(實證模型(6)模型(7))，表6-6的研究結果指出如果以稀釋盈餘做為代理成本之代理變數，代理成本與當期股票報酬率和下期股票報酬率呈現顯著的負向關係。表6-6同時指出在其它條件相同的情況下，實行員工股票分紅之電子工業企業在本期與下期皆取得顯著較高的股票報酬率。此種結果顯示員工股票紅利政策確實提升臺灣電子產業員工之績效和企業價值。

表 6-5 員工股票紅利之代理成本對本期與下期股票報酬率之影響

應變數 / 自變數	下期股票報酬率 (SR$_{i,t+1}$)				本期股票報酬率 (SR$_{i,t}$)			
	預期符號	模型 5(a)	模型 5(b)	模型 5(c)	預期符號	模型 4(a)	模型 4(b)	模型 4(c)
常數	?	-1.294	-3.561	-3.391	?	2.702	7.321	6.498
(t統計量)		(-0.556)	(-2.057)**	(-2.176)**		(1.100)	(4.006)***	(3.945)***
Dummy$_{i,t}$	+	-1.757	1.443	-5.590	+	4.310	6.910	-0.461
(t統計量)		(-0.642)	(0.705)	(-3.369)***		(1.492)	(3.197)***	(-0.263)
ATR$_{i,t}$	?	-3.032			?	4.955		
(t統計量)		(-1.283)				(1.987)**		
SAR$_{i,t}$	?		0.598		?		-7.399	
(t統計量)			(0.118)				(-1.383)	
Dummy$_{i,t}$×ATR$_{i,t}$	?	2.594			?	0.183		
(t統計量)		(0.931)				(0.062)		
Dummy$_{i,t}$×SAR$_{i,t}$	?		-11.492		?		-11.353	
(t統計量)			(-1.157)				(-1.083)	
Dummy$_{i,t}$×DEY$_{i,t}$	?			-346.110	?			-368.548
(t統計量)				(-11.251)***				(-11.323)***
R$_{m,t}$	−	-0.678	-0.679	-0.621	+	0.725	0.729	0.791
(t統計量)		(-17.095)***	(-17.131)***	(-15.711)***		(17.329)***	(17.413)***	(18.941)***
SMB$_t$	−	0.159	0.158	0.174		0.094	0.096	0.113
(t統計量)		(16.960)***	(16.904)***	(18.664)***		(9.531)***	(9.699)***	(11.434)***
HML$_t$	+	0.096	0.096	0.094		-0.001	-0.001	-0.002
(t統計量)		(17.338)***	(17.334)***	(17.305)***		(-0.122)	(-0.119)	(-0.368)
合適度								
R²		13.50%	13.50%	15.70%		8.20%	8.00%	10.20%
Adjusted R²		13.40%	13.40%	15.60%		8.10%	7.90%	10.10%
F值		132.647***	132.629***	188.698***		75.459***	73.915***	114.802***

(續)表 6-5　員工股票紅利之代理成本對本期與下期股票報酬率之影響

$$SR_{i,t} = \Phi_0 + \Phi_1 \times Dummy_{i,t} + \Phi_2 \times Agency\ cost_{i,t} + \Phi_3$$
$$\times Dummy_{i,t} \times Agency\ cost_{i,t} + \Phi_4 \times Rm_t + \Phi_5$$
$$\times SMB_t + \Phi_6 \times HML_t + \omega_{i,t} \tag{4}$$

$$SR_{i,t+1} = \Phi_0 + \Phi_1 \times Dummy_{i,t} + \Phi_2 \times Agency\ cost_{i,t} + \Phi3$$
$$\times Dummy_{i,t} \times Agency\ cost_{i,t} + \Phi_4 \times Rm_t + \Phi_5$$
$$\times SMB_t + \Phi_6 \times HML_t + \omega_{i,t} \tag{5}$$

註：1. Agency cost$_{i,t}$之代理變數DEY$_{i,t}$(稀釋盈餘)在模型4(c)與5(c)中與Dummy$_{i,t}$ $\times$DEY$_{i,t}$ 相同，故於以排除。

2. " *** " 表 1% 顯著水準， " ** " 表 5% 顯著水準， " * " 表 10% 顯著水準下，該係數是顯著的。

3. 符號定義如下：

SR$_{i,t}$(%)：股票報酬率。

Dummy$_{i,t}$：如果公司執行員工股票紅利政策，

Dummy$_{i,t}$ 等於1，其它等於0。

Agency cost：代理成本，代理成本之逆代理變數為(a)資產週轉率，代理成本之代理變數為(b)銷管費用率與(c)稀釋盈餘。

ATR$_{i,t}$：資產週轉率。

SAR$_{i,t}$：銷管費用率。

DEY$_{i,t}$： 稀釋盈餘。

Rm$_t$：第 t 年市場報酬率(即所有上市公司加權平均之股票報酬率)。

SMB$_t$：第 t 年最大公司的股票報酬率與同一年度最小公司的股票報酬率之差額。

HML$_t$：第 t 年最大股價淨值比企業的股票報酬率與同一年度最小股價淨值比企業的股票報酬率之差額。

表 6-6 員工股票紅利之代理成本對本期與下期股票報酬率之影響(依產業別)

應變數		下期股票報酬率($SR_{i,t+1}$)				本期股票報酬率($SR_{i,t}$)		
自變數	預期符號	模型7(a)	模型7(b)	模型7(c)	預期符號	模型6(a)	模型6(b)	模型6(c)
常數	?	11.200	11.260	10.130	?	1.016	7.219	2.101
(t統計量)		(1.768)	(1.685)	(1.620)		(0.176)	(1.186)	(0.368)
$ATR_{i,t}$	+	0.059			+	5.425		
(t統計量)		(0.042)				(4.241)***		
$SAR_{i,t}$	−		−0.084		−		−9.276	
(t統計量)			(−0.017)				(−2.106)***	
$DEY_{i,t}$	−			−322.025	−			−273.014
(t統計量)				(−9.668)***				(−8.976)***
$R_{m,D,t}$	−	−0.422	−0.422	−0.417	+	0.951	0.952	0.954
(t統計量)		(−14.099)***	(−14.098)***	(−14.042)***		(34.926)***	(34.918)***	(35.243)***
$SMB_{D,t}$	−	−0.038	−0.038	−0.019	−	−0.083	−0.081	−0.066
(t統計量)		(−2.924)***	(−2.923)***	(−1.420)		(−6.908)***	(−6.774)***	(−5.462)***
$HML_{D,t}$	+	−0.010	−0.010	−0.003	+	−0.005	−0.004	0.002
(t統計量)		(−1.038)	(−1.038)	(−0.300)		(−0.607)	(−0.528)	(0.194)
D_1	+	2.581	2.543	3.006	+	−3.460	−7.566	−3.784
(t統計量)		(0.263)	(0.255)	(0.310)		(−0.388)	(−0.834)	(−0.427)
D_2	+	0.994	1.011	0.273	+	−0.382	0.792	3.923
(t統計量)		(0.126)	(0.128)	(0.035)		(−0.053)	(0.110)	(0.555)
D_3	+	7.833	7.821	8.330	+	−4.992	−6.627	−2.867
(t統計量)		(1.001)	(0.977)	(1.077)		(−0.701)	(−0.909)	(−0.406)
D_4	+	−6.110	−6.126	−6.267	+	−4.194	−6.199	−2.984
(t統計量)		(−0.868)	(−0.846)	(−0.901)		(−0.656)	(−0.941)	(−0.470)
D_5	+	−7.694	−7.704	−7.179	+	1.274	−0.205	3.080
(t統計量)		(−0.929)	(−0.916)	(−0.877)		(0.169)	(−0.027)	(0.412)
D_6	+	−4.829	−4.835	−4.078	+	3.408	2.230	6.219
(t統計量)		(−0.547)	(−0.538)	(−0.468)		(0.425)	(0.273)	(0.782)

(續)表 6-6　員工股票紅利於t代理成本對本期與下期股票報酬率之影響(以生未列)

應變數		下期股票報酬率(SR_{i,t+1})				本期股票報酬率(SR_{i,t})		
自變數	預期符號	模型7(a)	模型7(b)	模型7(c)	預期符號	模型6(a)	模型6(b)	模型6(c)
D_7	+	-1.085	-1.078	-1.049	+	2.012	2.296	4.456
(t統計量)		(-0.137)	(-0.135)	(-0.134)		(0.279)	(0.316)	(0.624)
D_8	+	-5.150	-5.176	-4.721	+	0.690	-2.156	0.920
(t統計量)		(-0.356)	(-0.356)	(-0.330)		(0.053)	(-0.163)	(0.070)
D_9	+	-5.348	-5.369	-4.360	+	-1.100	-3.580	0.557
(t統計量)		(-0.516)	(-0.511)	(-0.425)		(-0.117)	(-0.374)	(0.060)
D_{10}	+	22.507	22.506	22.898	+	7.826	7.117	11.115
(t統計量)		(2.948)***	(2.872)***	(3.045)***		(1.128)	(0.998)	(1.620)
D_{11}	+	3.834	3.814	5.447	+	-0.293	-2.509	1.590
(t統計量)		(0.408)	(0.402)	(0.584)		(-0.034)	(-0.290)	(0.187)
D_{12}	+	-2.193	-2.144	-1.398	+	-1.554	2.343	6.433
(t統計量)		(-0.184)	(-0.180)	(-0.120)		(-0.143)	(0.216)	(0.604)
D_{13}	+	-6.488	-6.489	-6.549	+	-12.567	-13.142	-10.401
(t統計量)		(-0.742)	(-0.733)	(-0.758)		(-1.581)	(-1.631)	(-1.320)
D_{14}	+	12.775	12.756	13.886	+	9.280	7.024	10.719
(t統計量)		(1.592)	(1.565)	(1.748)*		(1.272)	(0.947)	(1.479)
D_{15}	+	-3.483	-3.471	-2.969	+	0.360	1.055	3.688
(t統計量)		(-0.383)	(-0.380)	(-0.331)		(0.044)	(0.127)	(0.451)
D_{16}	+	-9.087	-9.043	-8.572	+	0.391	3.841	7.842
(t統計量)		(-0.266)	(-0.264)	(-0.254)		(0.013)	(0.123)	(0.254)
D_{17}	+	-1.850	-1.862	-0.896	+	0.301	-1.335	2.308
(t統計量)		(-0.209)	(-0.207)	(-0.102)		(0.037)	(-0.163)	(0.288)
$D_1 \times Dummy_{i,t}$	+	9.809	9.804	9.162	+	9.371	8.909	8.832
(t統計量)		(0.494)	(0.494)	(0.466)		(0.519)	(0.493)	(0.492)
$D_2 \times Dummy_{i,t}$	+	-7.030	-7.053	-6.045	+	-5.585	-7.602	-8.467
(t統計量)		(-0.676)	(-0.679)	(-0.587)		(-0.590)	(-0.804)	(-0.902)
$D_3 \times Dummy_{i,t}$	+	-4.289	-4.293	-4.509	+	-4.643	-5.064	-5.008
(t統計量)		(-0.441)	(-0.441)	(-0.468)		(-0.525)	(-0.572)	(-0.570)
$D_4 \times Dummy_{i,t}$	+	-1.120	-1.099	-1.687	+	1.822	3.666	3.114
(t統計量)		(-0.138)	(-0.136)	(-0.210)		(0.247)	(0.497)	(0.425)
$D_5 \times Dummy_{i,t}$	+	8.264	8.272	6.468	+	5.910	6.627	5.335
(t統計量)		(1.194)	(1.196)	(0.944)		(0.939)	(1.053)	(0.854)

(續)表 6-6 員工股票紅利之代理成本對本期與下期股票報酬率之影響(依產業別)

應變數	\	下期股票報酬率($SR_{i,t+1}$)			\	本期股票報酬率($SR_{i,t}$)		
自變數	預期符號	模型 4(a)	模型 4(b)	模型 4(c)	預期符號	模型 4(a)	模型 4(b)	模型 4(c)
$D_6 \times Dummy_{i,t}$	+	3.059	3.045	2.937	+	7.332	5.992	6.265
(t統計量)		(0.250)	(0.248)	(0.242)		(0.658)	(0.537)	(0.566)
$D_7 \times Dummy_{i,t}$	+	8.109	8.096	6.474	+	5.814	4.521	3.758
(t統計量)		(1.180)	(1.177)	(0.952)		(0.930)	(0.722)	(0.605)
$D_8 \times Dummy_{i,t}$	+	3.586	3.593	3.497	+	7.362	7.974	7.777
(t統計量)		(0.193)	(0.193)	(0.190)		(0.435)	(0.470)	(0.462)
$D_9 \times Dummy_{i,t}$	+	5.939	5.949	5.746	+	6.078	7.008	6.546
(t統計量)		(0.386)	(0.387)	(0.377)		(0.435)	(0.501)	(0.471)
$D_{10} \times Dummy_{i,t}$	+	11.382	11.379	10.134	+	13.016	12.681	11.800
(t統計量)		(1.221)	(1.221)	(1.098)		(1.536)	(1.495)	(1.401)
$D_{11} \times Dummy_{i,t}$	+	12.412	12.407	11.591	+	12.286	11.769	11.574
(t統計量)		(0.842)	(0.842)	(0.793)		(0.917)	(0.877)	(0.868)
$D_{12} \times Dummy_{i,t}$	+	-1.304	-1.345	-1.707	+	1.751	-2.034	-2.368
(t統計量)		(-0.062)	(-0.064)	(-0.082)		(0.092)	(-0.107)	(-0.125)
$D_{13} \times Dummy_{i,t}$	+	10.189	10.200	3.467	+	15.592	16.614	11.168
(t統計量)		(1.695)*	(1.699)*	(0.579)		(2.853)***	(3.040)***	(2.046)**
$D_{14} \times Dummy_{i,t}$	+	4.399	4.391	3.352	+	-2.709	-3.435	-4.043
(t統計量)		(0.354)	(0.353)	(0.272)		(-0.240)	(-0.304)	(-0.360)
$D_{15} \times Dummy_{i,t}$	+	0.874	0.903	-2.766	+	-0.445	2.019	-0.266
(t統計量)		(0.060)	(0.062)	(-0.192)		(-0.034)	(0.153)	(-0.020)
$D_{16} \times Dummy_{i,t}$	+	-1.341	-1.388	-1.730	+	-0.460	-4.678	-5.057
(t統計量)		(-0.032)	(-0.033)	(-0.041)		(-0.012)	(-0.121)	(-0.132)
$D_{17} \times Dummy_{i,t}$	+	3.455	3.469	1.966	+	3.326	4.757	2.836
(t統計量)		(0.465)	(0.466)	(0.267)		(0.490)	(0.700)	(0.421)
合適度								
R^2		6.00%	6.00%	7.80%		25.90%	25.70%	26.80%
Adjusted R^2		5.30%	5.30%	7.10%		25.30%	25.10%	26.20%
F值		8.436***	8.436***	11.045***		45.780***	45.300***	47.873***

(續)表 6-6 員工股票紅利之代理成本對本期與下期股票報酬率之影響
　　　　(依產業別)

$$SR_{i,t} = \rho_0 + \rho_1 \times \text{Agency cost}_{i,t} + \rho 2 \times Rm_{Dj,t} + \rho_3 \times SMB_{Dj,t} +$$

$$\rho_4 \times HML_{Dj,t} + \sum_{j=1} (\rho_{j+4} \times D_j) + \sum_{j=1} (\rho_{j+21} \times D_j$$

$$\times \text{Dummy}_{i,t}) + \eta_{i,t} \qquad\qquad (6)$$

$$SR_{i,t+1} = \rho_0 + \rho_1 \times \text{Agency cost}_{i,t} + \rho_2 \times Rm_{Dj,t} + \rho_3 \times SMB_{Dj,t} +$$

$$\rho_4 \times HML_{Dj,t} + \sum_{j=1} (\rho_{j+4} \times D_j) + \sum_{j=1} (\rho_{j+21} \times D_j$$

$$\times \text{Dummy}_{i,t}) + \eta_{i,t} \qquad\qquad (7)$$

註：1.　" *** " 表 1% 顯著水準，" ** " 表 5% 顯著水準，" * "
　　　　表10顯著水準下，該係數是顯著的。
　　2. 符號定義如下：
　　　$SR_{i,t}$(%)：股票報酬率。
　　　$\text{Dummy}_{i,t}$：如果公司執行員工股票紅利政策，$\text{Dummy}_{i,t}$ 等於1，
　　　　　　　　其它等於0。
　　　Agency cost：代理成本，代理成本之逆代理變數為資產週轉率，
　　　　　　　　　　代理成本之代理變數為銷管費用率與稀釋盈餘。
　　　$ATR_{i,t}$：資產週轉率。
　　　$SAR_{i,t}$：銷管費用率。
　　　$DEY_{i,t}$：稀釋盈餘。
　　　$Rm_{Dj,t}$：第 t 年所有同行業市場報酬率(即同行業上市公司加權平均
　　　　　　　　之股票報酬率)。

(續)表 6-6 員工股票紅利之代理成本對本期與下期股票報酬率之影響
(依產業別)

$SMB_{Dj,t}$：第 t 年同行業最大公司的股票報酬率與同一年度同行業最小公司的
股票報酬率之差額。

$HML_{Dj,t,t}$：第 t 年同行業最大股價淨值比企業的股票報酬率與同一年度同行業
最小股價淨值比企業的股票報酬率之差額。

$Dummy_{i,t}$：如果公司實行員工股票紅利政策，$Dummy_{i,t}$等於1，其它等於0。

D_1：如果公司屬於水泥工業，D_1等於1，其它等於0。

D_2：如果公司屬於食品工業，D_2等於1，其它等於0。

D_3：如果公司屬於塑膠工業，D_3等於1，其它等於0。

D_4：如果公司屬於紡織纖維，D_4等於1，其它等於0。

D_5：如果公司屬於電機機械，D_5等於1，其它等於0。

D_6：如果公司屬於電器電纜，D_6等於1，其它等於0。

D_7：如果公司屬於化學生技醫，D_7等於1，其它等於0。

D_8：如果公司屬於玻璃陶瓷，D_8等於1，其它等於0。

D_9：如果公司屬於造紙工業，D_9等於1，其它等於0。

D_{10}：如果公司屬於鋼鐵工業，D_{10}等於1，其它等於0。

D_{11}：如果公司屬於橡膠工業，D_{11}等於1，其它等於0。

D_{12}：如果公司屬於汽車工業，D_{12}等於1，其它等於0。

D_{13}：如果公司屬於電子工業，D_{13}等於1，其它等於0。

D_{14}：如果公司屬於航運業，D_{14}等於1，其它等於0。

D_{15}：如果公司屬於貿易百貨業，D_{15}等於1，其它等於0。

D_{16}：如果公司屬於油電燃氣業，D_{16}等於1，其它等於0。

D_{17}：如果公司屬於其它，D_{17}等於1，其它等於0。

第七章
結論與建議

第一節　研究結論

本書研究之主要目的為探討影響臺灣企業執行員工股票分紅政策的決定因素和其經濟效益，依據本書所做之實證發現執行員工股票分紅的企業擁有較低的經理人持股比例、較高的獨立董事席次佔全體董事席次之比例、較低的股利支付率(即較高的營運風險)、較低的負債淨值比(即較低的財務槓桿)、較小的企業規模(即較小的資產總額)、較高的成長機會(即較高的股價淨值比)、較高的研究發展支出密度、較高的資本支出密度和較低的薪資水準(即較低的勞力密集度)。此外，執行員工股票分紅的企業因實施此政策而導致盈餘稀釋，但實行員工股票分紅政策之企業有較高的資產週轉率、較低的銷管費用率與較高的的股票報酬率。本書研究結果亦指出經理人持股比例較低、獨立董事席次佔全體董事席次之比例較高、股利支付率較低、負債淨值比較低、資產規模較小、股價淨值比較高、研究發展支出密度較高、資本支出密度較高和薪資水準較低之企業實施員工股票分紅政策的機率可能較高。如果將總體經濟因素如利率和預期實質國民生產毛額成長率列入考慮，發現在利率較低和預期下期美國實質國民生產毛額成長率降低時，企業執行員工股票分紅的機率可能相對較大。

本書實證結果也顯示當公司擁有較高的股利支付率、較低的資產、較高的股價淨值比、較高的研究發展支出密度、較低的薪資水準和較高的利率時，企業願意將較高的稅後可分配盈餘以股票的方式分配給員工的可能性較高。此外，企業所發放的員工股票紅利代表員工分享現有股東之盈餘，因此執行員工股票分紅使得股東減少之盈餘即為執行員工股票分紅所產生之代理成本，故本書以實施員工股票分紅所產生之稀釋盈餘、銷管費用率和資產週轉率做為代理成本之代理變數(或逆代理變數)來衡量員工股票分紅比例與代理成本之間的關係和激勵效果。本書研究結果指出若以資產週轉率為代理成本之逆代理變數，資產週轉率與$ESBP_{i,t}$ (表以股票面值計算之員工股票分紅比例)和$ESBM_{i,t}$ (表以股票市價計算之員工股票分紅比例)為顯著的正向關係。但和$ESBM_{i,t}$平方呈現顯著的負向關係。資產規模週轉率與$ESBMi,t$ 和$ESBM_{i,t}$平方之間為非綫性的遞增曲線。如果以員工分紅配股所產生之稀釋盈餘做為代理成本之代理變數，稀釋盈餘與$ESBP_{i,t}$ (表以股票面值計算之員工股票分紅比例)和$ESBM_{i,t}$ 平方呈顯著的正向關係，但與$ESBM_{i,t}$ (表以股票市價計算之員工股票分紅比例)為顯著的負向關係。代理成本與$ESBM_{i,t}$和$ESBM_{i,t}$平方之間為非綫性的遞減曲線。

　　影響代理成本的兩個主要因素為$ESBP_{i,t}$和$ESBM_{i,t}$。$ESBP_{i,t}$的變動主要來自員工分紅配股股數的變動,而$ESBM_{i,t}$的變動主要來自員工分紅配股股數的變動和每股除權價格的變動。在發放給員工一既定普通股股數下,$ESBM_{i,t}$的變動主要來每股除權價格的變動。如果以稀釋盈餘做為代理成本之代理變數,本書實證結果顯示代理成本對員工分紅配股股數之變動比普通股每股除權價格之變動更加敏感。

　　在不考慮行業特性的前提下,若以稀釋盈餘做執行員工股票分紅所產生之代理成本之代理變數,本書研究發現執行員工股票分紅企業之代理成本與當期和下期的股票報酬率呈現顯著的負相關,這可能意味著企業執行員工股票紅利政策時,並未依照員工真正創造的產出分配。而後續期間企業價值的增加可能跟不上發放員工股票紅利所產生之稀釋效果,因而導致後續期間股票報酬率降低。

　　如果將行業特性列入考慮,並以稀釋盈餘做為代理成本之代理變數,本書實證結果證實理成本與當期股票報酬率和下期的股票報酬率存在顯著的負相關。但實行員工股票分紅之電子業企業在本期和下期皆取得顯著較高的股票報酬率。此種結果顯示員工股票紅利政策確實提升臺灣電子產員工之績效和企業價值。

第二節　未來研究方向

　　員工股票分紅政策雖是近年來臺灣研究學者熱烈討論的
一項研究主題，但員工股票分紅政策仍有許多值得進一步探討
之議題。研究人員可能有興趣去發掘影響企業執行員工股票紅
利政策的其它因素。代理成本和以市價計算之員工股票分紅比
例間都呈現非綫性關係。最佳員工股票分紅比例的特質與比例
仍有待探討。此外，本書發現發放股票紅利給員工之臺灣企業
都屬外銷導向、專業經理人經營之非家族型企業。這些公司通
常擁有較少的資產但卻投入大筆資金從事研究發展，並且審慎
的做債務與現金流量管理。這些企業所具備的特質也鼓勵公司
股東願意與經理人及員工以股票分紅的方式分享盈餘，以期使
企業價值最大及留住最寶貴的人力資源。然而，臺灣許多企業
(如食品業、玻璃纖維和百貨業企業)屬創辦人家族高度控制、
管理經營之企業，較不喜歡發放股票紅利給員工，這些企業之
特質為聘任較少的獨立董事且董事會之決策往往由家族成員所
控制，並且較不重視小股東之利益。因此這些企業的股東往往
暴露在舞弊、掏空公司資產和營運不佳的風險中。本書的研究
也開啟了員工股票紅利的另一個研究的新視野，那就是企業文
化對員工股票紅利政策之影響。

從2008年開始員工股票分紅政策的會計處理由盈餘分配改為費用的處理方式，勢必會降低每股盈餘之金額。企業是否因財務報導因素之考量而減少發放員工股票紅利，這樣的結果對於日後公司經營績效之影響也是值得探討的問題。最後，因員工紅利課稅方式由股票面值改為按市價課稅，這種改變使得企業以員工股票分紅政策吸引人才並提高經營績效的魅力不再，研究人員或許可以思考設計新的員工獎酬政策，並找出最佳方法以降低股東、員工與經理人之間的衝突，以達到三方皆贏的局面，並為企業創造最大的價值。

參考文獻

一、中文部分

1. 王元章、林泓佐與謝志正，2005，《研發支出與獎酬決策之雙刃性效果》，Journal of Financial Studies, Vol. 13, No.3 (December)：79-143。

2. 王昌雄，2005，《員工持股制度對公司績效價值之影響》，國立政治大學會計學系未出版碩士論文。

3. 王永杰，2007，《美國利率對亞洲股市的股價報酬率之影響》，國立中興大學企業管理研究所未出版碩士論文。

4. 行政院金融監督管理委員會證券期貨局，2008，《員工分紅費用化新制之介紹》，http://www.sfb.gov.tw/%AD%FB%A4u% A4% C0%AC%F5%B6O%A5%CE%A4% C6%A4%A7%B1%C0%B0%CA%B1%A1%A7%CE970325%A 4W%BA%F4%AA%A9.ppt

5. 臺灣證券交易所公開資訊觀測站 (http://newmops.tse.com.tw/)

6. 池美佳，2006，《公司法下之利益衝突與規範策略-以股東、經理人與債權人之利益衝突為中心》，國立臺灣大學國家發展研究所未出版碩士論文。

7. 巫素玫，2002，《影響員工分紅持股高低之因素及宣告時市場反應》，東海大學企業管理研究所未出版碩士論文。

8. 李建然、劉正田與葉家榮，2006，《以市場評價觀點檢測員工分紅入股是否增進人力資本？》，會計與公司治理，第三卷，第一期：47-74。

9. 吳明政與蔡幼群，2007，《發行傳統型與指數型員工認股權證於績效評估與激勵效果之比較：以聯電、日月光公司為例》，中華管理評論國際學報，第10卷，2期:1-25。

10.周國泰，2006，《員工紅利與與董監事之酬勞對公司經營績效之影響》，中原大學企業管理研究所未出版碩士論文。

11.法務部，2006，《公司法》，http://law.moj.gov.tw/Scripts/PQery4B.asp?FullDoc =所有條文&Lcode =J0080001

12.法務部，2006，《臺灣證券交易法》，http://law.moj.gov.tw/Scripts/PQery4B. asp? FullDoc =所有條文&Lcode= G0400001

13.法務部，2008，《臺灣證券交易法施行細則》，http://law.moj.gov.tw/Scripts/Query4A.asp?FullDoc= all &Lcode= G0400002

14.法務部，2007，《發行人募集與發行有價證券處理準則》，http://law.moj.gov.tw/ Scripts/ Query4B.asp?FullDoc=所有條文&Lcode= G0400023)

15.法務部，2007，《上市上櫃公司買回本公司股份辦法》，http://law.moj.gov.tw/ Scripts/PQery4A.asp?FullDoc=all&Lcode=G0400061

16.林維珩與陳如慧，2008，《員工分紅制度與經營績效》，http://www.mcu.edu. tw/ department/management/mcu-acco/academic-discussion//academic- discussion/050528/1.pdf

17.林金龍，2003，《利率政策的傳遞機制及其對總體經濟金融影響效果之實證分析》，中央銀行經濟研究處，91cbc-經1(委托研究報告)。

18.林錦鵬，2008，《員工分紅配股法令設限效果之評估-以IC設計業為例》，國立臺灣大學管理學院碩士在職專班會計與管理決策組未出版碩士論文。

19.林琬琬，2007，《財務會計準則公報第三十九號股份基礎給付之會計處理準則適用問題探討》，證券暨期貨月刊，第二十五卷，第十一期：27-37。

20.洪偉倫，2008，《公司董事監察人特性對其員工分紅與股利政策之關聯性研究》，國立臺北大學會計學研究所未出版碩士論文。

21.洪尚亨，2008，《員工分紅與企業價值之關聯性研究》，國立臺北大學會計學研究所未出版碩士論文。

22.施昶成，2008，《員工分紅入股對員工生產力與股東報酬率影響值之探討-以臺灣上市電子業為例》，國立臺灣大學經濟研究所未出版碩士論文。

23.陳隆麒與翁霓，1992，《員工持股計劃與公司經營績效關係之研究》，管理評論11：81-102。

24.陳俊合，2005，《員工紅利與後續公司績效之關聯性》，國立臺灣大學會計學研究所未出版博士論文。

25.許崇源，2007，《員工分紅制度之探討》，證券暨期貨月刊，第二十五卷，第七期：5-11。

26.許耕維，2007，《公開發行公司獨立董事設置及應遵循事項辦法、公開發行公司審計委員會行使職權辦法及公開發行公司董事會議事辦法簡介》，證券暨期貨月刊，第二十五卷，第二期: 43-50。

27.許富強，2005，《員工認股權宣告效果及公司特質分析》，國立臺灣大學會計學研究所未出版碩士論文。

28.馬秀如，2003，《員工分紅配股既是股東的成本，也是公司的費用》，會計研究月刊，第214期: 62-70。

29.馬秀如與黃虹霞，2003，《員工分紅入股－制度及會計處理》，會計研究月刊，第207期，頁107-131。

30.財務會計準則委員會，2007，《第三十九號財務會計準則公報: 股份基礎給付之會計處理準則》，會計研究發展基金會。

31.曾仁凱，2007，《4種員工獎酬制度比較評析》，經濟日報，10月23日。

32.溫芳郁與洪嘉謙，2007，《員工分紅制度對公司的影響及因應方法》，證券暨證券暨期貨月刊，第二十五卷，第七期: 12-18。

33.張培真，2003，《員工分紅入股程度與公司特質之關係及其對經營績效之影響》，國立臺灣大學會計學研究所未出版碩士論文。

34.張昱婷，2004，《員工股票分紅對公司投資風險與融資風險之影響》，國立成功大學會計研究所未出版碩士論文。

35.張倫綺，2006，《公司治理與員工認股權獎酬》，朝陽科技大學財務會計系未出版碩士論文。

36.曹興誠，2003，《為員工分紅入股說幾句話》，工商時報，1月6日。

37. 曹興誠，2002，《談臺灣IC工業之競爭力》，經濟日報，5月17日。

38. 楊雨雯，2002，《臺灣員工認股權與員工分紅對公司績效影響之研究》，元智大學金融研究所未出版碩士論文。

39. 蔡志瑋，2003，《員工分紅與公司績效及投資人報酬之關聯性研究-以臺灣上市資訊電子業為例》，國立政治大學會計研究所未出版碩士論文。

40. 趙志浩，2008，《股份基礎給付與盈餘管理之關聯性研究》，國立中興大學高階經理人在職碩士專班財金組未出版碩士論文。

41. 趙曉玲，2002，《員工分紅持股制度對組織績效的影響》，國立中央大學人力資源管理研究所未出版碩士論文。

42. 趙輝儀，2008，《員工分紅配股費用化對股價異常報酬之影響-以臺灣資訊科技指數成分股為例》，國立臺灣大學財務金融學研究所未出版碩士論文。

43. 詹文鈴，2005，《員工認股權憑證對公司績效之影響-以臺灣上市上櫃電子公司為例》，朝陽科技大學財務金融系未出版碩士論文。

44. 劉茂亮，2003，《金融變數與經濟成長之關係》，輔仁大學金融研究所未出版碩士論文。

45. 鄭志明，2004，《臺灣IC設計產業之績效評估制度探討》，國立臺灣大學會計學研究所未出版碩士論文。

46.盧明輝，2005，《員工分紅制度對臺灣上市櫃電子業經營績效關聯性之研究》，國立政治大學會計研究所未出版碩士論文。

47.鍾惠珍，2002，《員工分紅費用化？爭論不休！》，會計研究月刊，第205期：91-97。

48.鍾惠珍，2002，《員工分紅制度探討》，會計研究月刊，第202期：44-58。

49.鍾惠珍，2000，《員工紅利分配法律及會計問題座談會記實》，會計研究月刊，第170期：56-67。

50.蘇淑卿，2007，《員工分紅費用化新制上路》，證券暨期貨月刊，第二十五卷 第七期：39-46

二、英文部分

1. Aboody, D. (1996), "Market Valuation of Employee Stock Options", Journal of Accounting and Economics 22(1-3):357-391.

2. Accounting Principles Board (1972), "Opinion No.25: Accounting for Stock Issued to Employees", New York: American Institute of Certified Public Accountants.

3. Allen, F. and Michaely, R. (2002), "Payout Policy", SSRN Working Paper no. 309589.

4. Arnold, I.J.M. and Vrugt, E.B. (2002), "Regional Effects of Monetary Policy in the Netherlands", International Journal of Business and Economics, Vol. 1, No. 2:123-134.

5. Arnott, R. D. and Asness, C. S. (2001), "Does Dividend Policy Foretell Earnings Growth?", Research Affiliates, LLC and Clifford S. Asness.

6. Ang, J., Cole, R. and Lin, J. (1999), "Agency Costs and Ownership Structure", Journal of Finance 55:81-106.

7. Anilowski, C., Feng, M.and Skinner, D.J. (2007), "Does earnings guidance affect market returns? The nature and information content of aggregate earnings guidance", Journal of Accounting and Economics 44:36-63.

8. Baker, G. and Hall, B. (1998), "CEO Incentives and Firm Size", NBER Working Paper no. 6868.

9. Baker, G. P., Jensen, M. C. and Murphy, K. J. (1988), "Compensation and Incentives: Practice vs. Theory", Journal of Finance 43:593-616.

10.Baysinger, R. and Butler, H. (1985), "Corporate governance and the board of directors: Performance effects of changes in board composition", Journal of Law, Economics and Organizations 1:101-124.

11.Belden, S., Fister, T. and Knapp B.(2005), "Dividends and Diretors:Do Outsiders Reduce Agncy Costs?", Business and Society Review 110(2):171-180.

12.Bjorkman, I. and Furu, P. (2000), "Determinants of variable pay for top managers of foreign subsidiaries in Finland", International Journal of Human Resource Management 11:698-713.

13.Blasi, J. and Kruse, D. (1991), "The New Owners", New York: Harper Collins.

14.Brickley, J. and James, C. (1987), "The takeover market, corporate board composition and ownership structure: The case of banking", Journal of Law and Economics 30:161-180.

15.Bushman, R., Indjejikian, R. and Smith, A. (1995), "Aggregate Performance Measures in Business Unit Manager Compensation:The Role of Intrafirm Interdependencie", Journal of Accounting Research 33(supplement) :101-28.

16.Byrd, J.and Hickman, K. (1992), "Do outside directors monitor managers? Evidence from tender offer bids", Journal of Financial

Economics 32:195-222.

17.Cahuc, P. and Dormont, B. (1992), "Profit-sharing: does it increase productivity and employment? A theoretical model and empirical evidence on French microdata", Working Paper 92.45, Cahiers Ecomath, University of Paris.

18.Cao, B. (2008), "Leverage, Profitability Shocks and the Dynamic Responses of Agency Cost Measures", Department of Economics, Ohio University.

19.Causseaux, W. and Caster B. (2007), "Is the Tone Set at the Top? A Review of the Literature Relating Corporate Behavior to Characteristics of the Board of Directors.", Corporate Ownership & Control Vol. 4, No. 4(Summer):151-159.

20.Cheadle, A. (1989), "Explaining patterns of profit sharing activity", Industrial Relation 28:387-400.

21.Chen, C-H. and Lin,L-Y. (2005), ". Value Relevance of Employee Share-Based Bonuses Disclosure for Taiwanese Technology Firms", Pan Pacific Conference Paper in Shanghai (May).

22.Chen, C-H. and Lin,L-Y. (2008), "Determinant and incentive effect of employee stock bonus policy: evidence from Taiwan", International Journal of Accounting and Finance, Vol.1, No. 2: 121-148.

23.Chen, C.Y. (2003), "Investment Opportunities and the Relationship between Equity Value and Employee Bonus" ,Journal of Business Finance and Accounting 30(September):941-974.

24.Chen, Z. and Yur-Austin, J. (2007), "Re-measuring agency costs: The effectiveness of blockholders", The Quarterly Review of Economics and Finance 47:588-601.

25.Congress of the United States Congressional Budget Office, (2008), "The Budget and Economic Outlook:An Update(September)."

http://www. cbo.govftpdocs97xxdoc970609-08-Update.pdf.

26.Core, J. and Guay, W. (1999), "The Use of Equity Grants to Manage Optimal Equity Incentive Levels", Journal of Accounting and Economics 28:151-184.

27.Core, J. and Guay, W. (2001), "Stock Option Plans for Nonexecutive Employees", Journal of Financial Economics 61: 253-287.

28.Core,J.E.,Guay,W.and Larcker,D.(2003), "Executive equity compensation and incentives:a survey", FRBNY Economic Policy Review (April):27-50.

29.Coughlan,A.and Schmidt,R.(1985), "Executive compensation, management turnover, and firm performance: An empirical investigation." ,Journal of Accounting and Economics 7:43-66.

30.Dahya, J., McConnell, J. and Travlos, N. (2002), "The Cadbury Committee, Corporate Performance and Top-ManagementTurnover", Journal of Finance 57:461-483.

31.Davidson III, W. N., Bouresli, A.K. and Singh, M. (2006), " Agency Costs, Ownership Structure,and Corporate Governance in

Pre-and Post-IPO Firms", Corporate Ownership & Control Vol. 3,No. 3(Spring):88-95.

32.Dechow, P., Hutton, A. and Sloan, R. (1996), "Economic Consequences of Accounting for Stock-Based Compensation", Journal of Accounting Research 34:1-20.

33.Denis, D. and Osobov, I. (2007), "Why Do Firms Pay Dividends? International Evidence on the Determinants of Dividend Policy", SSRN Working Paper no. 887643.

34.Doukas, J., Kim, C., & Pantzalis, C. (2000), "Security analysts, agency costs, and company characteristics", Financial Analysts Journal, 56(6)54-63.

35.Durand, R. B., Juricev, A. and Smith G. W. (2007), "SMB — Arousal, disproportionate reactions and the size-premium", Pacific-Basin Finance Journal 15:315-328.

36.Eisenhardt, K. M. (1989), "Agency theory: An assessment and review", Academy of Management Review 14:57-74.

37.Elayan, F. A., Lau, J. S.C. and Meyer, Thomas O. (2001), "Executive Incentive Compensation Schemes and Their Impact on Performance: Evidence from New Zealand Since Legal Disclosure Requirements Became Effective", SSRN Working Paper no. 257853.

38.Fama, E. (1980), "Agency Problems and the Theory of the Firm", Journal of Political Economy 88:288-307.

39.Fama, E. and French, K. R. (1993), "Common risk factors in the returns on stocks and bonds〞, Journal of Financial Economics 33:3-56.

40. Fama, E. and Jensen, M., (1983),〝Agency problems and residual claims〞, Journal of Law and Economics 26:327-350.

41. Fenn, G.W. and Liang, N. (2001),〝Corporate payout policy and managerial stock incentives〞,Journal of Accounting and Economics 60:45-72.

42. Financial Accounting Standards Board (1995), "Statement of Financial Accounting Standards No. 123:Accounting for Stock-Based Compensation".

43. Financial Accounting Standards Board (2002), " Statement of Financial Accounting Standards No. 148:Accounting for Stock-Based Compensation—Transition and Disclosure—an amendment of FASB Statement No. 123 "

44. Financial Accounting Standards Board (2004), "Statement of Financial Accounting Standard 123 (revised 2004), Share-Based Payment"

45. Fitzroy, F. and Kraft, K. (1987),〝Cooperation, productivity, and profit sharing〞, Quarterly Journal of Economics 102:23-35.

46. Florackis,C. and Ozkan, A. (2005),〝Agency costs and corporate governance mechanisms: evidence for UK firms〞, European Financial Management Symposium, http://www.soc.uoc.gr/ asset/ accepted_papers/paper87.pdf.

47. Florackis,C. and Ozkan, A. (2009)〝The Impact of Managerial

Entrenchment on Agency Costs: An Empirical Investigation Using UK Panel Data", European Financial Management, Vol. 15, No.3:497-528.

48.Frye,M.B. (2004), "Equity-based Compensation for Employees:Firm Performance and Determinants", The Journal of Financial Research 27, no 1:31-54.

49.Gaver, J. and Gaver, K. (1993), "Additional Evidence on the Association between the Investment Opportunity Set and Corporate Financing, Dividend, and Compensation Policies", Journal of Accounting and Economics 16:125-160.

50.Gaver, J., Gaver, K. and Austin, J. R. (1995), "Additional Evidence on Bonus Plans and Income Management", Journal of Accounting and Economics 19:3-28.

51.Gerhart, B. and Milkovich, G.T. (1990), "Organizational differences in compensation and financial performance", Academy of Management Joumal 33:663- 691.

52.Goldstein, M. A. and Fuller, K. P. (2003), "Dividend Policy and Market Movements", Babson College - Finance Division and University of Mississippi - School of Business Administration.

53.Gomez-Mejia, L. R. and Balkin, D. B. (1992), "Compensation, organizational strategy, and firm performance", Gincinnati: South- Western.

54.Gomez-Mejia, L. R. and Balkin, D. B. (1992b), "Determinants of faculty pay: An agency theory perspective", Academy of

Management Joumal 35:921-955.

55.Gomez-Mejia, L. R., and Welbourne, T.M. (1988), "Compensation strategy:An overview and future steps", Human ResourcePlanning 11:73-189.

56.Gregg, P. A. and Machin, S. J. (1988), "Unions and the incidence of performance linked pay schemes in Britain", International Journal of Industrial Organization 6:91-107.

57.Halkos,G.E. and Tzeremes,N.G.(2007), "Productivity efficiency and firm size: An empirical analysis of foreign owned companies", International Business Review 16:713-731.

58.Hart, R. A. and Hubler, O. (1990), "Wage, labour mobility, and working time effects of profit-sharing", Empirica, 17:115-130.

59.Hart, R. A. and Hubler, O. (1991), "Are profit shares and wages substitutes or complementary forms of compensation?",Kyklos, 44:221-231.

60.Hermalin, B.E.and Weisbach, M.S. (1991), "The effects of board composition and direct incentives on firm performance", Financial Management 20:101-112.

61.Hemmer, T. (1993), "Risk-free Incentive Contracts", Journal of Accounting and Economics 16:447-473.

62.Heywood, J. S., Jirjahn, U. and Tsertsvadze,G. (2005), "Getting along with Colleagues -Does Profit Sharing Help or Hurt?", Kyklos, Vol. 58, No.4:557-573.

63.Hirth, S. and Uhrig-Homburg, M. (2009), "Investment Timing,

Liquidity, and Agency Costs of Debt”, SSRN Working Paper no. 885363.

64. Himmelberg, C., Hubbard, G. and Palia, D. (1999), "Understanding the Determinants of Managerial Ownership and the Link between Ownership and Performance”, Journal of Financial Economics 53:353-384.

65. Holmstorm, B. and P. Milgrom. (1991), "Multitask Principal-Agent Analysis: Incentives Contracts, Asset Ownership, and Job Design”, Journal of Law Economica and Organization 7:24-52.

66. Iqbal, Z. and Hamid, S. A. (2000), "Stock Price and Operating Performance of ESOP Firms:A Time-Series Analysis”, Quarterly Journal of Business & Economics (Summer):25-47.

67. Ittner, C., Lambert,R. and Larcker,D. (2003), "The Structure and Performance Consequences of Equity Grants to Employees of New Economy Firms”, Journal of Accounting and Economics 34:89-127.

68. Jensen, M. and Meckling, W. (1976), "Theory of the firm: Managerial behavior, agency costs and ownership structure”, Journal of Financial Economics 3:305-360.

69. Jensen, M. (1986), "Agency costs of free cash flow, corporate finance, and takeovers”, American Economic Review 76:323-329.

70. Jensen, M. (1986), "Presidential address: The modern industrial revolution, exit and the failure of internal control systems”,

Journal of Finance 48:831-880.

71.Jewell, L.N.and Reitz, H.J. (1981), "Group effectiveness in organizations", Scott- Foresman, Glenview, IL.

72.Jones, D. C. and Kato, T. (1993), "The scope, nature, and effects of employee stock ownership plans in Japan", Industrial and Labor Relations Review 46:352-367.

73.Jones, D. C. and Pliskin, J. (1991), "Unionization and the incidence of performance-based compensation: evidence from Canada", Department of Economics, Hamilton College.

74.Kapopoulos,P. and Lazaretou,S. (2008), "Does Corporate Ownership Structure Matter for Economic Growth ? A Cross-Country Analysis", Managerial and Decision Economics Published online in Wiley InterScience.

(www.interscience.wiley.com) DOI:10.1002/mde.1442

75.Klein, K. (1987), "Employee Stock Ownership and Employee Attitudes: A Test of Three Models", Journal of Applied Psychology Monograph 72:319-332.

76.Kole, S. (1997), "The Complexity of Compensation Contracts", Journal of Financial Economics 43:79-104.

77.Kren, L. and Kerr, J.L. (1997), "The effects of outside directors and board shareholdings on the relation between CEO compensation and firm performance", Accounting and Business Research, Vol. 27, No. 4:297-309.

78.Kruse, D. L. (1993), "Profit Sharing: Does It Make A Difference?

" , Kalamazoo, Mich.:W. E. Upjohn Institute for Employment Research.

79.Kruse, D. L. (1996), "Why Do Firms Adopt Profit-Sharing and Employee Ownership Plans? " , British Journal of Industrial Relations 34:515-538.

80.Lasfer, M. A. (2002) , "Board Structure and Agency Costs(2002) " ,City Business University University School and SSRN working paper no. 314619.

81.Lambert, R.A., Lanen, W.N. and Larcker, D.F. (1989), "Executive stock option plans and corporate dividend policy" , Journal of Financial and Quantitative Analysis 24:409-425.

82.La Porta, R., Lopez-De-Silanes, F. and Shleifer, A. (1999), "Corporate Ownership around the World" , Journal of Finance 54, No. 2:471-517.

83.Lee, C., Rosenstein, S., Rangan, N. and Davidson III,W. N.(1992), "Board composition and shareholder wealth:The case of management buyouts " , Financial Management 21:58-72.

84.Long, R. J. (1978), "The Effects of Employee Ownership on Organizational Identification, Employee Job Attitudes, and Organizational Performance" , Human Relations 31:29-48.

85.Main, B. and Johnson, J. (1993), "Remuneration committees and corporate governance" , Accounting and Business Research, Vol. 23, No. 91A:351-362.

86.Mangel, R. and Singh, H. (1993), "Ownership structure,board

relationship and CEO compensation in large US corporations ",
Accounting and Business Research ,Vol. 23, No. 91A:339-350.

87.Marler, J.H., Milkovich, G.T. and Yanadori, Y. (2002) , "
Ogranization-Wide Broad-Based Incentives: Rational Theory and
Evidence", Academy of Management Proceedings , HR:C3.

88.Matta, E. and Beamish, P.W. (2008), " The Accentuated
CEO Career Horizon Problem: Evidence from International
Acqusitions", Strategic Management Journal, 29:683-700.

89.McConnell, J. and Servaes, H. (1990), "Additional evidence
on equity ownership and corporate value", Journal of Financial
Economics 27:595-612.

90.McConnell, J. and Servaes, H. (1995), "Equity ownership and the
two faces of debt", Journal of Financial Economics 39:131-157.

91.McKnight, P. J. and Weir, C.(2009), "Agency costs, corporate
governance and ownership structure in large UK publicly quoted
companies: A panel data analysis", The Quarterly Review of
Economics and Finance 49:139-158.

92.Mehran, H. (1995), "Executive Compensation Structure,
Ownership, and Firm Performance", Journal of Financial
Economics 38:163-184.

93.Mitchell, D. J. B., Lewin, D. and Lawler, E. E. (1990),
"Alternative pay systems, firm performance, and productivity",
In A. Blinder (ed.).Paying for Productivity: A Look at the
Evidence. Washington, DC: Brookings Institution: 15-94.

94.Morck, R., Shleifer, A. and Vishny, R. (1988), "Management ownership and market valuation: An empirical analysis", Journal of Financial Economics 20:293-316.

95.Morck, R.,Wolfenzon, D. and Yeung ,B. (2005), "Corporate Governance, Economic Entrenchment, and Growth", Journal of Economic Literature Vol. XLIII (September) : 655-720.

96.Naceur, S.B., Goaied, M. and Belanes, A.(2006) , "On the Determinants and Dynamics of Dividend Policy", SSRN Working Paper no. 889330.

97.Ng, C.Y.M. (2005), "An empirical study on the relationship between ownership and performance in a family-based corporate environment", Journal of Accounting, Auditing & Finance, Vol. 20, No. 2:121-146.

98.Opler, T., & Titman, S. (1993), "The determinants of leveraged buyout activity: Free cash flow vs financial distress costs", Journal of Finance, XLVIII, 1985-1999.

99.Park, S. and Song, M. H. (1995), "Employee Stock Ownership Plans, Firm Performance, and Monitoring by Outside Blockholder", Financial Management (Winter):52-64.

100.Poitras,G.(2007), "Accounting Standards for Employee Stock Option Disclosure:The Current Debate", Corporate Ownership & Control Vol. 4, No. 3 (Spring):87-95.

101.Poole, M. (1989), "The Origins of Economic Democracy: Profit-Sharing and Employee-Shareholding Schemes.",

London:Routledge.

102.Rozeff, M. S. (1982), "Growth, Beta and Agency Costs as Determinants of Dividend Payout Ratios", Journal of Financial Research, Vol. 5, No. 3:249-259.

103.Ryan, H. E. and Wiggins, R. A. (2001), " The Influence of Firm- and Manager- Specific Characteristics on the Structure of Executive compensation ", Journal of Corporate Finance, 7(2):101-123.

104.Singh, M. and Davidson, W.N. III (2003), "Agency costs, ownership structure and corporate governance mechanisms ", Journal of Banking & Finance, Vol.27, No.5:793-816.

105.Smith, C., and Watts, R. (1992), "The Investment Opportunity Set and Corporate Financing, Dividend, and Compensation Policies", Journal of Financial Economics 32:263-292.

106.U.S. House of Representation Office of the Law Revision Counsel (2004), "Internal Revenue Code", http://uscode.house. gov/uscode-cgi/fastweb.exe?search

107.Weisbach, M. (1988), "Outside directors and CEO turnover", Journal of Financial Economics 20:431-460.

108.Wilson, N., Cable, J. R. and Peel, M. J. (1990), "Quit Rates and the Impact of Participation, Profit-Sharing and Unionization: Empirical Evidence from UK Engineering Firms", British Journal of Industrial Relations 28:197-213.

109.Zattoni, A.(2007), "Stock Incentive Plans in Europe: Empirical

Evidence and Design Implications ", Corporate Ownership &
Control Vol. 4, No. 4(Summer):56-64.

110.Zhango, Y. (2009), "Are Debt and Incentive Compensation
Substitutes in Controlling the Free Cash Flow Agency Problem?"
Financial Management (Autumn):507-541.

Determinants and Incentive Mechanisms of Employee Stock Bonus Policy: Evidence from Taiwan Listed Companies

Abstract

The main purpose of this dissertation is to study the key determinants and incentive effects of the employee stock bonus policy in Taiwan. Many Taiwanese listed electronics companies employ stock bonuses in order to motivate their employees. Employee stock bonus policy has been regarded as one of the essential factors for enhancing competitiveness, and as a key factor which has led to Taiwan's electronics industry playing an important role in the global arena. The first focus of this dissertation is examining what determinants encouraged Taiwan listed companies to implement employee stock bonus policies and if these determinants affect corporate decisions on the percentages of after-tax surplus profits that can be distributed as employee stock bonuses. By comparing 206 listed companies that did not implement employee stock bonus policies with 399 that did during the period from 1998 to 2007, this study identifies the factors significantly influencing the probabilities of implementing employee stock bonus policies ,including: managerial ownership, independent directorship, operational risk, financial leverage, firm size, growth opportunity, industry characteristics and macroeconomic factors. Besides, when they are firms with lower operational risk, lower assets and lower labor intensity, higher growth opportunity, higher research and development intensity and higher interest rate ,a higher percentage of after-tax surplus profits will be distributed as employee stock bonuses ,no matter whether the distributable percentage is determined by par value or ex-right share price.

Taiwanese employee stock bonus generally belongs to the distribution of retained earnings. In Taiwan, boards of directors make recommendations to shareholders on percentages of after-tax surplus profit to be distributed to employees as stock bonuses. Bonus policies can't be executed unless shareholders give their approval. Therefore, boards of directors should decide the optimal distributable percentage of employee stock bonus in making earnings distribution decisions to satisfy employees' expectation and maximize firm wealth. If the distributable percentage is considered too small, it may reduce the incentive effect of employee stock bonus. However, excessive employee stock bonuses payment may increase agency costs. Therefore, the percentages of after-tax surplus profits distributed as employee stock bonuses can reflect how firms view their agency problem and desired incentive effect. The second focus of this dissertation is studying what relationship exists between decisions on percentages of distributable after-tax surplus profit and agency cost. This study finds compared to non-stock bonus companies, those implementing employee stock bonus policies had significantly lower employee and shareholder agency costs (i.e., higher asset turnover ratios, lower expense ratios, and lower diluted earnings yield). A non-linear relationship existed between this decision on the percentage of after-tax surplus profits to be distributed as employee stock bonuses determined by ex-right share price and agency cost.

Although awarding employee stock bonuses provides many advantages, the overuse of employee stock bonus policies in the late 1990s and early 2000s triggered plenty of controversies. Some researchers found that in terms of stock bonus market value, qualified employees were being rewarded with over 50% of many firms' after-tax surplus profit in the form of common shares and therefore encroaching upon shareholders' rights to benefit from such surpluses. Furthermore, employee stock bonus policies increase the number of outstanding common shares and thereby dilute common shareholder equity. Such employee policies severely infringe upon shareholders' middle- and long-term benefits. Therefore, the incentive effect of employee incentive mechanism is worthy of discussion. The third focus of this dissertation is studying the incentive effect of employee stock bonuses in terms of agency cost. When agency costs associated with employee stock bonus policy implementation are measured in terms of diluted earnings yield, the results indicate a negative incentive effect for implementing such policy on current and subsequent stock returns. However, as industry differences are taken into consideration, Taiwan's electronics companies which implement an employee stock bonus policy earn significantly higher stock returns in both current and subsequent periods. These findings indicate that an employee stock bonus policy did enhance employee performance and firm value in Taiwan's electronics industry.

Keywords：employee stock bonus, after-tax surplus profit, incentive effect, agency cost, diluted earnings yield, stock return.

國家圖書館出版品預行編目資料

探討臺灣上市公司員工股票分紅制度／林綠儀 初版-
臺北市：蘭臺出版社 2010.2
15*21公分 含參考書目
ISBN:978-986-7626-96-7 (平裝)
1.薪資管理 2.分紅制度 3.上市公司 4.股票 5.臺灣
497.328   99002556

《 探討臺灣上市公司員工股票分紅制度 》

著　　者：林綠儀 著

執行主編：張加君

執行美編：康美珠

封面設計：康美珠

出 版 者：蘭臺出版社

地　　址：台北市中正區開封街1段20號4樓

電　　話：(02)2331-1675　傳真：(02)2382-6225

劃撥帳號：18995995

網路書店：http://store.pchome.com.tw/yesbooks/

博客來網路書店、華文網路書店、三民書局

E-m a i l：books5w@gmail.com 或 lt5w.lu@msa.hinet.net

總 經 銷：成信文化事業有限公司

香港總代理：香港聯合零售有限公司

地　　址：香港新界大蒲汀麗路36號中華商務印書館大樓

電　　話：(852)2150-2100　傳真：(852)2356-0735

出版日期：2010年2月初版

定　　價：新台幣320元

ISBN：978-986-7626-96-7